云南省普洱市西盟佤族自治县生物多样性本底调查丛书

西盟飞羽

云南西盟鸟类多样性研究

段玉宝　罗承珍　等◎著

中国林业出版社
China Forestry Publishing House

图书在版编目（ＣＩＰ）数据

西盟飞羽 : 云南西盟鸟类多样性研究 / 段玉宝等著
. -- 北京 : 中国林业出版社, 2024.6
　（云南省普洱市西盟佤族自治县生物多样性本底调查
丛书）
　ISBN 978-7-5219-2675-0

　Ⅰ.①西… Ⅱ.①段… Ⅲ.①鸟类－生物多样性－研
究－西盟县 Ⅳ.①Q959.708

中国国家版本馆CIP数据核字(2024)第074338号

策划及责任编辑：葛宝庆
装帧设计：北京八度出版服务机构
————————————

出版发行：中国林业出版社
　　　　（100009，北京市西城区刘海胡同 7 号，电话 83143612 ）
电子邮箱：cfphzbs@163.com
网址：www.cfph.net
印刷：河北京平诚乾印刷有限公司
版次：2024 年 6 月第 1 版
印次：2024 年 6 月第 1 次
开本：889mm×1194mm　1/16
印张：18.25
字数：420 千字
定价：198.00 元

编委会

主　编： 段玉宝　罗承珍

副主编： 刘士龙　刘　俊　汤锦涛

参　编： 柏贵荣　员振烽　廖之锴　濮中助　吴　昊　鲁　茜
　　　　　徐兴广　程兴江　李忠成　杨恩美　袁颖杰　康佩昌
　　　　　李新雨　屈永胜　王锭希　吴永惠　王成信　赵　涛
　　　　　陈永升　李金燕　黄国鑫　王小荣　王　婷

摄　影： 普洱市生态环境局西盟分局
　　　　　汤锦涛　廖之锴　张雪莲　刘　俊　濮中助　吴　昊
　　　　　柏贵荣　杨金有　沈阅文　Su Li　朱永享　董江天

主　审： 罗　旭

前　言

　　鸟类是生物多样性的重要组成部分，具有生态、科学、文化、美学和旅游等诸多价值，鸟类多样性的高低是衡量生态系统稳定和健康与否的重要指标。通过系统摸清鸟类多样性"家底"，可以为区域生物多样性保护、管理和决策提供科学依据。

　　西盟佤族自治县（简称"西盟县"）位于云南省西南部、普洱市西部，地处中缅边境，是我国南部边境生态屏障区和云南省生物多样性保护优先区重要组成部分，也是云南省生态安全战略格局的重要区域。县域内主要以低山和中山为主，河谷纵横交错，地形复杂，气候多样，孕育着丰富的自然资源，但是一直缺乏县域内生物多样性本底数据，严重制约着生物多样性科学有效的保护和精准管理。

　　基于该地区的重要性和生物多样性本底资源的欠缺，西南林业大学研究团队受普洱市生态环境局西盟分局委托，于2022—2024年开展县域生物多样性本底调查和评估。经过两年野外观测和资料整理，共记录鸟类262种，其中，国家重点保护野生鸟类31种，这是迄今为止西盟县最为全面的鸟类资源本底数据。

　　本书得到云南省生态环境保护专项资金、云南省高校极小种群野生动物保育重点实验室、云南省森林灾害预警与控制重点实验室资助出版。限于著者的知识水平和经验，不足之处在所难免，恳请广大同行及读者提出宝贵意见，以便今后加以完善和改进。

著者

2024年4月

目 录

前 言

一、西盟佤族自治县自然环境概况 /// 002 ///

二、研究方法 /// 004 ///
　（一）样线和样点调查 /// 004 ///
　（二）红外相机调查 /// 010 ///
　（三）数据分析处理及分类依据 /// 010 ///

三、研究结果 /// 011 ///
　（一）取样充分性检验 /// 011 ///

　（二）物种组成 /// 011 ///
　（三）生态型情况 /// 013 ///
　（四）居留型情况 /// 013 ///
　（五）区系情况 /// 013 ///
　（六）分布情况 /// 013 ///
　（七）保护和受胁物种 /// 015 ///

鸡形目
红原鸡 *Gallus gallus* /// 018
白鹇 *Lophura nycthemera* /// 019
环颈雉 *Phasianus colchicus* /// 020

䴙䴘目
小䴙䴘 *Tachybaptus ruficollis* /// 021

鸽形目
斑林鸽 *Columba hodgsonii* /// 022
山斑鸠 *Streptopelia orientalis* /// 023
珠颈斑鸠 *Streptopelia chinensis* /// 024
斑尾鹃鸠 *Macropygia unchall* /// 025

绿翅金鸠 *Chalcophaps indica* /// 026
厚嘴绿鸠 *Treron curvirostra* /// 027
楔尾绿鸠 *Treron sphenurus* /// 028

夜鹰目
棕雨燕 *Cypsiurus balasiensis* /// 029
小白腰雨燕 *Apus nipalensis* /// 030

鹃形目
褐翅鸦鹃 *Centropus sinensis* /// 031
绿嘴地鹃 *Phaenicophaeus tristis* /// 032
噪鹃 *Eudynamys scolopaceus* /// 033
翠金鹃 *Chrysococcyx maculatus* /// 034

紫金鹃 *Chrysococcyx xanthorhynchus* /// 035

栗斑杜鹃 *Cacomantis sonneratii* /// 036

八声杜鹃 *Cacomantis merulinus* /// 037

乌鹃 *Surniculus lugubris* /// 038

大鹰鹃 *Hierococcyx sparverioides* /// 039

四声杜鹃 *Cuculus micropterus* /// 040

大杜鹃 *Cuculus canorus* /// 041

鹤形目

白胸苦恶鸟 *Amaurornis phoenicurus* /// 042

黑水鸡 *Gallinula chloropus* /// 043

鸻形目

黑翅长脚鹬 *Himantopus himantopus* /// 044

灰头麦鸡 *Vanellus cinereus* /// 045

白腰草鹬 *Tringa ochropus* /// 046

矶鹬 *Actitis hypoleucos* /// 047

鹈形目

夜鹭 *Nycticorax nycticorax* /// 048

绿鹭 *Butorides striata* /// 049

池鹭 *Ardeola bacchus* /// 050

牛背鹭 *Bubulcus coromandus* /// 051

大白鹭 *Ardea alba* /// 052

白鹭 *Egretta garzetta* /// 053

鹰形目

黑翅鸢 *Elanus caeruleus* /// 054

凤头蜂鹰 *Pernis ptilorhynchus* /// 055

蛇雕 *Spilornis cheela* /// 056

鹰雕 *Nisaetus nipalensis* /// 057

凤头鹰 *Accipiter trivirgatus* /// 058

松雀鹰 *Accipiter virgatus* /// 059

黑鸢 *Milvus migrans* /// 060

灰脸鵟鹰 *Butastur indicus* /// 061

普通鵟 *Buteo japonicus* /// 062

鸮形目

黄嘴角鸮 *Otus spilocephalus* /// 063

领鸺鹠 *Glaucidium brodiei* /// 064

斑头鸺鹠 *Glaucidium cuculoides* /// 065

犀鸟目

冠斑犀鸟 *Anthracoceros albirostris* /// 066

戴胜 *Upupa epops* /// 067

佛法僧目

绿喉蜂虎 *Merops orientalis* /// 068

栗头蜂虎 *Merops leschenaulti* /// 069

三宝鸟 *Eurystomus orientalis* /// 070

白胸翡翠 *Halcyon smyrnensis* /// 071

普通翠鸟 *Alcedo atthis* /// 072

啄木鸟目

大拟啄木鸟 *Psilopogon virens* /// 073

金喉拟啄木鸟 *Psilopogon franklinii* /// 074

蓝喉拟啄木鸟 *Psilopogon asiaticus* /// 075

斑姬啄木鸟 *Picumnus innominatus* /// 076

白眉棕啄木鸟 *Sasia ochracea* /// 077

星头啄木鸟 *Dendrocopos canicapillus* /// 078

大斑啄木鸟 *Dendrocopos major* /// 079

大黄冠啄木鸟 *Chrysophlegma flavinucha* /// 080

灰头绿啄木鸟 *Picus canus* /// 081

黄嘴栗啄木鸟 *Blythipicus pyrrhotis* /// 082

隼形目

红脚隼 *Falco amurensis* /// 083

雀形目

长尾阔嘴鸟 *Psarisomus dalhousiae* /// 084

银胸丝冠鸟 *Serilophus lunatus* /// 085

细嘴黄鹂 *Oriolus tenuirostris* /// 086

黑枕黄鹂 *Oriolus chinensis* /// 087

黑头黄鹂 *Oriolus xanthornus* /// 088

朱鹂 *Oriolus traillii* /// 089

白腹凤鹛 *Erpornis zantholeuca* /// 090

红翅鸥鹛 *Pteruthius aeralatus* /// 091

淡绿鸥鹛 *Pteruthius xanthochlorus* /// 092

栗喉鸥鹛 *Pteruthius melanotis* /// 093

栗额鸥鹛 *Pteruthius intermedius* /// 094

暗灰鹃鵙 *Lalage melaschistos* /// 095

灰山椒鸟 *Pericrocotus divaricatus* /// 096

灰喉山椒鸟 *Pericrocotus solaris* /// 097

长尾山椒鸟 *Pericrocotus ethologus* /// 098

短嘴山椒鸟 *Pericrocotus brevirostris* /// 099

赤红山椒鸟 *Pericrocotus flammeus* /// 100

灰燕鵙 *Artamus fuscus* /// 101

褐背鹟鵙 *Hemipus picatus* /// 102

钩嘴林鵙 *Tephrodornis virgatus* /// 103

黑翅雀鹎 *Aegithina tiphia* /// 104

白喉扇尾鹟 *Rhipidura albicollis* /// 105

黑卷尾 *Dicrurus macrocercus* /// 106

灰卷尾 *Dicrurus leucophaeus* /// 107

古铜色卷尾 *Dicrurus aeneus* /// 108

发冠卷尾 *Dicrurus hottentottus* /// 109

小盘尾 *Dicrurus remifer* /// 110

黑枕王鹟 *Hypothymis azurea* /// 111

寿带 *Terpsiphone incei* /// 112

红尾伯劳 *Lanius cristatus* /// 113

栗背伯劳 *Lanius collurioides* /// 114

棕背伯劳 *Lanius schach* /// 115

灰背伯劳 *Lanius tephronotus* /// 116

松鸦 *Garrulus glandarius* /// 117

红嘴蓝鹊 *Urocissa erythroryncha* /// 118

灰树鹊 *Dendrocitta formosae* /// 119

喜鹊 *Pica serica* /// 120

小嘴乌鸦 *Corvus corone* /// 121

大嘴乌鸦 *Corvus macrorhynchos* /// 122

黄腹扇尾鹟 *Chelidorhynx hypoxanthus* /// 123

方尾鹟 *Culicicapa ceylonensis* /// 124

大山雀 *Parus minor* /// 125

绿背山雀 *Parus monticolus* /// 126

黄颊山雀 *Machlolophus spilonotus* /// 127

黑喉山鹪莺 *Prinia atrogularis* /// 128

暗冕山鹪莺 *Prinia rufescens* /// 129

灰胸山鹪莺 *Prinia hodgsonii* /// 130

黄腹山鹪莺 *Prinia flaviventris* /// 131

纯色山鹪莺 *Prinia inornata* /// 132

长尾缝叶莺 *Orthotomus sutorius* /// 133

黑喉缝叶莺 *Orthotomus atrogularis* /// 134

家燕 *Hirundo rustica* /// 135

岩燕 *Ptyonoprogne rupestris* /// 136

烟腹毛脚燕 *Delichon dasypus* /// 137

金腰燕 *Cecropis daurica* /// 138

斑腰燕 *Cecropis striolata* /// 139

凤头雀嘴鹎 *Spizixos canifrons* /// 140

纵纹绿鹎 *Pycnonotus striatus* /// 141

黑冠黄鹎 *Pycnonotus melanicterus* /// 142

红耳鹎 *Pycnonotus jocosus* /// 143

黄臀鹎 *Pycnonotus xanthorrhous* /// 144

黑喉红臀鹎 *Pycnonotus cafer* /// 145

白喉红臀鹎 *Pycnonotus aurigaster* /// 146

黄绿鹎 *Pycnonotus flavescens* /// 147

黄腹冠鹎 *Alophoixus flaveolus* /// 148

白喉冠鹎 *Alophoixus pallidus* /// 149

灰眼短脚鹎 *Iole propinqua* /// 150

绿翅短脚鹎 *Ixos mcclellandii* /// 151

灰短脚鹎 *Hemixos flavala* /// 152

黑短脚鹎 *Hypsipetes leucocephalus* /// 153

褐柳莺 *Phylloscopus fuscatus* /// 154

华西柳莺 *Phylloscopus occisinensis* /// 155

棕腹柳莺 *Phylloscopus subaffinis* /// 156

棕眉柳莺 *Phylloscopus armandii* /// 157

橙斑翅柳莺 *Phylloscopus pulcher* /// 158

灰喉柳莺 *Phylloscopus maculipennis* /// 159

黄腰柳莺 *Phylloscopus proregulus* /// 160

四川柳莺 *Phylloscopus forresti* /// 161

黄眉柳莺 *Phylloscopus inornatus* /// 162

淡眉柳莺 *Phylloscopus humei* /// 163

极北柳莺 *Phylloscopus borealis* /// 164

双斑绿柳莺 *Phylloscopus plumbeitarsus* /// 165

乌嘴柳莺 *Phylloscopus magnirostris* /// 166

西南冠纹柳莺 *Phylloscopus reguloides* /// 167

云南白斑尾柳莺 *Phylloscopus davisoni* /// 168

黄胸柳莺 *Phylloscopus cantator* /// 169

灰冠鹟莺 *Phylloscopus tephrocephalus* /// 170

比氏鹟莺 *Phylloscopus valentini* /// 171

灰脸鹟莺 *Phylloscopus poliogenys* /// 172

黄腹鹟莺 *Abroscopus superciliaris* /// 173

栗头织叶莺 *Phyllergates cucullatus* /// 174

强脚树莺 *Horornis fortipes* /// 175

黄腹树莺 *Horornis acanthizoides* /// 176

金冠地莺 *Tesia olivea* /// 177

栗头树莺 *Cettia castaneocoronata* /// 178

红头长尾山雀 *Aegithalos concinnus* /// 179

棕头雀鹛 *Fulvetta ruficapilla* /// 180

褐头雀鹛 *Fulvetta manipurensis* /// 181

点胸鸦雀 *Paradoxornis guttaticollis* /// 182

栗耳凤鹛 *Staphida castaniceps* /// 183

栗颈凤鹛 *Staphida torqueola* /// 184

黄颈凤鹛 *Yuhina flavicollis* /// 185

棕臀凤鹛 *Yuhina occipitalis* /// 186

红胁绣眼鸟 *Zosterops erythropleurus* /// 187

暗绿绣眼鸟 *Zosterops japonicus* /// 188

灰腹绣眼鸟 *Zosterops palpebrosa* /// 189

斑胸钩嘴鹛 *Erythrogenys gravivox* /// 190

棕颈钩嘴鹛 *Pomatorhinus ruficollis* /// 191

红嘴钩嘴鹛 *Pomatorhinus ferruginosus* /// 192

红头穗鹛 *Cyanoderma ruficeps* /// 193

金头穗鹛 *Cyanoderma chrysaeum* /// 194

纹胸鹛 *Mixornis gularis* /// 195

红顶鹛 *Timalia pileata* /// 196

栗头雀鹛 *Schoeniparus castaniceps* /// 197

褐胁雀鹛 *Schoeniparus dubius* /// 198

褐脸雀鹛 *Alcippe poioicephala* /// 199

云南雀鹛 *Alcippe fratercula* /// 200

白腹幽鹛 *Pellorneum albiventre* /// 201

棕头幽鹛 *Pellorneum ruficeps* /// 202

矛纹草鹛 *Pterorhinus lanceolatus* /// 203

白颊噪鹛 *Pterorhinus sannio* /// 204

红头噪鹛 *Trochalopteron erythrocephalum* /// 205

蓝翅希鹛 *Actinodura cyanouroptera* /// 206

白眶斑翅鹛 *Actinodura ramsayi* /// 207

银耳相思鸟 *Leiothrix argentauris* /// 208

黑头奇鹛 *Heterophasia desgodinsi* /// 209

长尾奇鹛 *Heterophasia picaoides* /// 210

栗臀䴓 *Sitta nagaensis* /// 211

栗腹䴓 *Sitta castanea* /// 212

绒额䴓 *Sitta frontalis* /// 213

虎斑地鸫 *Zoothera aurea* /// 214

黑胸鸫 *Turdus dissimilis* /// 215

白眉鸫 *Turdus obscurus* /// 216

红胁蓝尾鸲 *Tarsiger cyanurus* /// 217

蓝眉林鸲 *Tarsiger rufilatus* /// 218

白喉短翅鸫 *Brachypteryx leucophris* /// 219

鹊鸲 *Copsychus saularis* /// 220

白腰鹊鸲 *Kittacincla malabarica* /// 221

蓝额红尾鸲 *Phoenicurus frontalis* /// 222

北红尾鸲 *Phoenicurus auroreus* /// 223

红尾水鸲 *Rhyacornis fuliginosa* /// 224

白顶溪鸲 *Chaimarrornis leucocephalus* /// 225

白尾蓝地鸲 *Myiomela leucura* /// 226

紫啸鸫 *Myophonus caeruleus* /// 227

小燕尾 *Enicurus scouleri* /// 228

白额燕尾 *Enicurus leschenaulti* /// 229

黑喉石䳭 *Saxicola maurus* /// 230

灰林䳭 *Saxicola ferreus* /// 231

蓝矶鸫 *Monticola solitarius* /// 232

栗腹矶鸫 *Monticola rufiventris* /// 233

乌鹟 *Muscicapa sibirica* /// 234

北灰鹟 *Muscicapa dauurica* /// 235

褐胸鹟 *Muscicapa muttui* /// 236

棕尾褐鹟 *Muscicapa ferruginea* /// 237

橙胸姬鹟 *Ficedula strophiata* /// 238

红喉姬鹟 *Ficedula albicilla* /// 239

棕胸蓝姬鹟 *Ficedula hyperythra* /// 240

小斑姬鹟 *Ficedula westermanni* /// 241

玉头姬鹟 *Ficedula sapphira* /// 242

铜蓝鹟 *Eumyias thalassinus* /// 243

山蓝仙鹟 *Cyornis whitei* /// 244

蓝喉仙鹟 *Cyornis rubeculoides* /// 245

棕腹大仙鹟 *Niltava davidi* /// 246

棕腹仙鹟 *Niltava sundara* /// 247

大仙鹟 *Niltava grandis* /// 248

戴菊 *Regulus regulus* /// 249

蓝翅叶鹎 *Chloropsis cochinchinensis* /// 250

西南橙腹叶鹎 *Chloropsis hardwickii* /// 251

厚嘴啄花鸟 *Dicaeum agile* /// 252

黄臀啄花鸟 *Dicaeum chrysorrheum* /// 253

黄腹啄花鸟 *Dicaeum melanozanthum* /// 254

纯色啄花鸟 *Dicaeum minullum* /// 255

红胸啄花鸟 *Dicaeum ignipectus* /// 256

紫颊太阳鸟 *Chalcoparia singalensis* /// 257

蓝喉太阳鸟 *Aethopyga gouldiae* /// 258

绿喉太阳鸟 *Aethopyga nipalensis* /// 259

黑胸太阳鸟 *Aethopyga saturata* /// 260

黄腰太阳鸟 *Aethopyga siparaja* /// 261

火尾太阳鸟 *Aethopyga ignicauda* /// 262

长嘴捕蛛鸟 *Arachnothera longirostra* /// 263

纹背捕蛛鸟 *Arachnothera magna* /// 264

白腰文鸟 *Lonchura striata* /// 265

斑文鸟 *Lonchura punctulata* /// 266

山麻雀 *Passer cinnamomeus* /// 267

麻雀 *Passer montanus* /// 268

黄鹡鸰 *Motacilla tschutschensis* /// 269

灰鹡鸰 *Motacilla cinerea* /// 270

白鹡鸰 *Motacilla alba* /// 271

树鹨 *Anthus hodgsoni* /// 272

普通朱雀 *Carpodacus erythrinus* /// 273

血雀 *Carpodacus sipahi* /// 274

黑头金翅雀 *Chloris ambigua* /// 275

小鹀 *Emberiza pusilla* /// 276

黄喉鹀 *Emberiza elegans* /// 277

主要参考文献 /// 278

中文名索引 /// 279

学名索引 /// 281

总论

一 西盟佤族自治县自然环境概况

西盟佤族自治县（以下简称"西盟县"）位于云南省西南部、普洱市西部（图1、图2），地处中缅边境，东、东北、东南环接澜沧县，南与孟连县接壤，西、西北与缅甸毗邻，国境线长89.33km，县城所在地勐梭镇海拔1150m，国土总面积1258.95km²，均为山区，是全国两个佤族自治县之一。西盟县城距省会昆明654km，距市府普洱234km。全县有5镇2乡（勐梭镇、勐卡镇、中课镇、新厂镇、翁嘎科镇、力所拉祜族乡、岳宋乡），36个村民委员会，4个社区居民委员会。

西盟县地处横断山脉南段，区域内主要以低山和中山为主，河谷纵横交错，地形复杂。区内受到新厂河、库杏河、南康河、南卡江等河流切割，形成深切割中低山地貌。地势总体上呈现东北高、西南低的格局，最高海拔为2458.9m，最低海拔为590m，相对高差达1868.9m。受纬度、地形、季风的综合影响，西盟县内气候多样，可划分为3个气候类型，其中，海拔800m以下为亚热带湿润河谷区；海拔800～1500m为亚热带湿润半山区；海拔1500m以上为中亚热带湿润山区。西盟县气候四季变化不明显，但垂直差异显著；降雨量居全省前列，年平均降雨量1840.6mm，降雨主要集中于5—9月；海拔每升高100m，年降水量则增加84.1mm。年平均气温为19.6℃，年平均日照2082.6h，无霜期319d。西盟县有大小河流80余条，均属于怒江水系，主要河流有库杏河、勐梭河、新厂河等，这些河流呈树枝状交叉分布，由北向南注入南卡江，流程约94km。

◆ 图1　西盟县俯瞰（普洱市生态环境局西盟分局　供图）

◆ 图2 西盟县农田景观（普洱市生态环境局西盟分局 供图）

西盟县地处云南省生物多样性保护优先区的南部边缘热带雨林区域，也是云南省生态安全战略格局的重要区域。西盟县深入贯彻习近平生态文明思想，坚定践行"绿水青山就是金山银山"理念，高位推动，先后在县内建立勐梭龙潭县级自然保护区（图3）和三佛祖县级自然保护区（图4）。制定了《云南省西盟佤族自治县勐梭龙潭保护区管理条例》《云南省西盟佤族自治县三佛祖自然保护区管理办法》。此外，西盟县先后出台了《西盟县生态环境损害赔偿制度改革实施方案》《西盟县生态保护修复攻坚战实施方案》《关于全面推行林长制的实施方案》等一系列生态文明建设指导性方案，将生态文明建设内容纳入县政府常务会议专题研究范围，同时纳入综合考评体系，明确各部门、乡镇责任，强化责任落实，统筹推进生态环境高水平保护和经济高质量发展。

◆ 图3 勐梭龙潭（普洱市生态环境局西盟分局 供图）

◆ 图4 马散水库（普洱市生态环境局西盟分局 供图）

二 研究方法

（一）样线和样点调查

参照生态环境部（原环境保护部）发布的《生物多样性观测技术导则：鸟类（HJ 710.4—2014）》。本次调查主要采用样线法和样点法相结合的方式。根据西盟县的地形地貌特征和生境类型，利用遥感影像和GIS技术，结合西盟县10km×10km网格选取不同类型的典型生境（含森林、农田、村庄、湖泊、人工林等），设置能够代表县域范围内的各种生境类型并且足够数量的样线和样点。根据西盟县的地形地貌特征和生境类型，在西盟县境内共布设52条样线和30个样点（表1，表2），每条样线长度2～3km。布设时充分考虑生境和植被类型，尽量覆盖天然阔叶林、农田、村庄、湖泊、人工林（阔叶林、桉树林、橡胶林）等生境类型（图5至图9）。

调查时间为2022年5月至2024年1月，依据西盟县鸟类居留和迁徙过路时间确定具体调查时间。重点关注春季迁徙鸟类、夏季繁殖鸟类、秋季迁徙鸟类和冬季越冬候鸟的情况，调查共进行7次。调查时以样线法进行调查，调查过程中以1～2km/h的速度行进，并用相关GPS软件记录下样线轨迹和重点保护物种的位置，便于后期获得经纬度等位点信息。调查时以8×42双筒望远镜进行观察，不能及时识别的鸟种使用长焦相机拍照，后期对照图鉴进行鉴别。鸟类数量的统计一般采用直接计数法；对于鸟群数量庞大以及快速移动导致无法使用直接计数法时，采用间接估算法统计鸟类数量。

通过对鸟类的外观特征、特别飞行姿态以及叫声等进行鸟类识别定种。由于大部分的日行性鸟类在早晨和傍晚比较活跃，而在中午或恶劣天气活动频率明显下降，因此，调查时间定为上午日出后半小时至中午、下午3点至日落前半小时，并根据当天实际天气情况进行微调。为了减少因调查的时间段不同而产生误差，每次开展调查的样线顺序不同。

为避免中午和恶劣天气下鸟类活动频率较低对调查结果产生影响，本研究不在中午和恶劣天气进行调查。调查时至少以2人为一组，记录每条样线的调查开始时间、样线编号、鸟类物种、个体数量、距样线距离、生境类型等信息。为得到更为全面的西盟县重点保护鸟类名录，在样线间转移时观察到的鸟类作为样线外数据予以记录。

表1　西盟县鸟类调查样线信息

样线名称	地点	起点纬度	起点经度	起点海拔（m）	终点纬度	终点经度	终点海拔（m）	生境描述
XM1A	土来勒姆山公路上方	22.899013°	99.494405°	1964	22.889038°	99.482624°	1740	人工林（阔叶林）
XM2A	窝丙附近公路	22.873521°	99.539837°	2051	22.881125°	99.530883°	1868	人工林（桉树林+阔叶林）
XM3A	达迷至永不落路段	22.881783°	99.606125°	1175	22.877628°	99.606107°	1144	天然阔叶林

样线名称	地点	起点纬度	起点经度	起点海拔（m）	终点纬度	终点经度	终点海拔（m）	生境描述
XM5A	大马散公路水库旁	22.787163°	99.429658°	1868	22.798237°	99.432403°	1936	湖泊+天然阔叶林
XM5B	大黑山西北侧	22.793095°	99.435781°	1969	22.782936°	99.443232°	2069	天然阔叶林
XM6A	三棵树东部	22.829215°	99.543101°	1804	22.835736°	99.545366°	1931	人工林（阔叶林+桉树林）
XM6B	永布龙东侧	22.796196°	99.556981°	1750	22.781666°	99.558606°	1698	人工林（阔叶林+桉树林）
XM7A	永龙南侧	22.846078°	99.60003°	1149	22.831703°	99.602002°	1248	天然阔叶林
XM7B	库杏坝北侧	22.818697°	99.603959°	980	22.805153°	99.611154°	892	天然阔叶林
XM9A	翁农南侧	22.71019°	99.38881°	992	22.71543°	99.375205°	1050	人工林（桉树林）
XM10A	大黑山西南侧	22.779495°	99.443276°	2051	22.759093°	99.443306°	2068	阔叶林
XM10B	佛殿山东侧	22.15852°	99.443016°	2030	22.741836°	99.450802°	2048	天然阔叶林
XM11A	永浓老寨西侧	22.783686°	99.576313°	1549	22.778593°	99.564707°	1759	阔叶林
XM11B	永平新寨旁边	22.749637°	99.565458°	1651	22.746179°	99.582912°	1388	人工林（阔叶林）+农田
XM12A	来林旁边	22.733433°	99.59016°	1100	22.732043°	99.601385°	821	天然阔叶林+农田
XM14	龙不两北侧	22.686182°	99.404216°	1361	22.688649°	99.387122°	1247	天然阔叶林
XM15A	南洼坝上寨西北	22.686991°	99.413052°	1478	22.687563°	99.406063°	1378	天然阔叶林
XM15B	南洼坝上寨东北	22.68181°	99.442461°	1749	22.681445°	99.4222.6°	1583	天然阔叶林
XM16A	秧窝村旁边	22.675195°	99.563551°	1233	22.673891°	99.551312°	1236	天然阔叶林
XM16B	糯扩老寨旁边	22.628347°	99.566932°	1733	22.616437°	99.560601°	1787	天然阔叶林+农田
XM17A	勐梭龙潭东侧	22.641707°	99.590306°	1170	22.635189°	99.596719°	1165	天然阔叶林
XM17B	勐梭龙潭西侧	22.635981°	99.597216°	1176	22.641936°	99.594567°	1144	天然阔叶林
XM19A	班同一组下方	22.587597°	99.391047°	757	22.590413°	99.405581°	700	天然阔叶林
XM20A	那丙梁子北部河边	22.590697°	99.406394°	721	22.595229°	99.424231°	687	人工林（橡胶林）+天然阔叶林
XM20B	罗杨寨西侧	22.54738°	99.458525°	1315	22.534025°	99.456058°	1409	天然阔叶林
XM21A	帕罗山西侧	22.617088°	99.558256°	1742	22.604737°	99.562704°	1634	人工林（阔叶林）+天然阔叶林
XM21B	王莫村东北方	22.598064°	99.568838°	1658	22.600407°	99.58309°	1460	天然阔叶林
XM22A	木依吉服务区西南侧	22.602112°	99.586035°	1394	22.609209°	99.590334°	1221	天然阔叶林
XM22B	富母乃西侧书库旁边	22.59921°	99.603808°	1367	22.591004°	99.600396°	1346	湖泊+天然阔叶林
XM25A	英候小寨东侧	22.532946°	99.458226°	1402	22.528665°	99.450678°	1381	天然阔叶林
XM25B	龙坎村至柯来上村之间	22.519724°	99.428192°	1554	22.507722°	99.412635°	1482	农田
XM12B	来林旁边	22.733433°	99.59016°	1100	22.732043°	99.601385°	821	农田

（续）

样线名称	地点	起点纬度	起点经度	起点海拔（m）	终点纬度	终点经度	终点海拔（m）	生境描述
XM3B	永不落水库	22.852952°	99.605415°	1033	22.861179°	99.602276°	1033	湖泊+天然阔叶林
XM5C	勐卡口岸旁边	22.803375°	99.430091°	1956	22.810702°	99.416769°	1877	天然阔叶林
XM14B	班同老寨西侧	22.622774°	99.366855°	671	22.610654°	99.374457°	715	天然阔叶林
XM25C	神糯东南侧	22.492718°	99.477027°	1170	22.491383°	99.482305°	1156	农田
XM12B	班箐村东侧	22.727847°	99.614767°	744	22.73235°	99.603249°	756	天然阔叶林
XM25D	三连寨西南侧	22.508518°	99.422104°	1342	22.49587°	99.415921°	1191	农田+天然阔叶林
XM7C	来斯翏东侧	22.811665°	99.593831°	1180	22.81521°	99.604125°	987	天然阔叶林
XM9B	木古坝南侧	22.743053°	99.392031°	1213	22.754637°	99.383683°	1087	农田+天然阔叶林
XM9C	岳锁洛旁边	22.728772°	99.32831°	797	22.718586°	99.337574°	837	人工林（橡胶林）
XM25F	务龙新寨东北侧	22.502181°	99.472716°	1185	22.495969°	99.487582°	1087	农田+天然阔叶林
XM10C	拉祜寨南侧	22.747074°	99.441094°	1968	22.74781°	99.431713°	1811	农田
XM10D	纳西坝东南侧	22.725249°	99.438199°	1880	22.738673°	99.436595°	1888	农田
XM15C	王雅西侧	22.67551°	99.491446°	1163	22.668831°	99.487539°	1000	农田
XM19B	班帅村西侧	22.691925°	99.348333°	754	22.683547°	99.349196°	730	人工林（橡胶林）
XM25E	永浓北侧	22.490893°	99.474841°	1116	22.495472°	99.486001°	1001	农田+天然阔叶林
XM1B	土朋代北侧	22.909235°	99.491053°	2031	22.915298°	99.485741°	1885	农田+天然阔叶林
XM25G	英立下寨南侧	22.514493°	99.468262°	1240	22.500591°	99.468064°	1175	农田+村庄
XM25H	英乐新寨南侧	22.498746°	99.447557°	1035	22.484872°	99.444788°	982	农田+天然阔叶林
XM5C	勐卡口岸南侧	22.805104°	99.42985°	1915	22.812416°	99.414636°	1835	天然阔叶林
XM6C	来努北侧	22.814499°	99.576288°	1358	22.816657°	99.564298°	1624	农田+天然阔叶林

表2　西盟县鸟类调查样点信息

样点编号	地点	经度	纬度	海拔（m）
样点1	富母乃	99.596647°	22.595775°	1318
样点2	富母乃	99.60043°	22.593514°	1312
样点3	龙潭	99.592694°	22.644675°	1150
样点4	龙潭	99.593021°	22.642414°	1146
样点5	龙潭	99.593289°	22.640719°	1149
样点6	龙潭	99.593051°	22.638667°	1206
样点7	龙潭	99.597453°	22.637536°	1169
样点8	龙潭	99.598464°	22.640124°	1174
样点9	龙潭	99.598336°	22.642846°	1162
样点10	龙潭	99.597869°	22.645508°	1153
样点11	永不落	99.599765°	22.854342°	1045
样点12	永不落	99.601649°	22.857416°	1062
样点13	永不落	99.601695°	22.859178°	1089
样点15	王雅	99.498306°	22.682333°	969

样点编号	地点	经度	纬度	海拔（m）
样点16	力所乡	99.439256°	22.637941°	1178
样点14	盆永	99.522761°	22.741174°	911
样点17	勐卡口岸	99.411457°	22.820513°	1815
样点18	马散水库	99.432705°	22.793465°	1885
样点19	马散水库	99.43104°	22.790633°	1891
样点20	马散水库	99.429564°	22.788016°	1883
样点21	马散水库	99.432896°	22.787159°	1881
样点22	烈士陵园	99.448319°	22.739216°	2073
样点23	烈士陵园	99.448662°	22.73716°	2089
样点24	烈士陵园	99.446663°	22.737997°	2076
样点25	翁嘎科	99.470201°	22.519382°	1314
样点26	翁嘎科	99.471876°	22.518107°	1325
样点27	翁嘎科	99.475683°	22.518449°	1309
样点28	翁嘎科	99.49667°	22.493227°	1558
样点29	大班弄	99.480263°	22.580983°	1024
样点30	糯扩老寨	99.566218°	22.640862°	1712

◆ 图5　天然阔叶林

◆ 图6　农田

◆ 图7　村庄

◆ 图8　湖泊

◆ 图9　人工林（橡胶林）

（二）红外相机调查

参照生态环境部（原环境保护部）发布的《生物多样性观测技术导则：鸟类（HJ 710.4—2014）》，考虑到安全因素，主要在自然保护区内及相对隐蔽生境布设红外相机。采用公里网格法，利用ArcGIS 10.8将保护区划分为若干个1km×1km的网格，结合保护区内地形条件、兼顾植被类型以及人为可到达等因素，野外共放置25台红外相机（龙潭保护区12台、三佛祖保护区10台、保护区外3台），将相机置于野生动物经常活动以及有明显活动的痕迹处，如粪便、卧迹处、水源等。为避免数据的重复，两台相机间直线距离大于500m。将红外相机固定于距离地面60～100cm高的树干上，确保红外相机视野内无杂草，视野开阔，避免太阳光直射。在红外相机正常工作后，记录每台相机的编号、安装日期、海拔以及GPS位点等信息。

本次研究使用BG-662牌红外相机，拍照、视频分辨率像素均设置为最高，拍照模式根据不同的场景进行设置。拍摄模式设置为混合拍摄，即连续拍摄3张照片并录制一段10 s的视频，连续两次拍照间隔设置为1s，全天候监测。调查周期为1年，每间隔3～4个月更换1次相机电池及内存卡。

（三）数据分析处理及分类依据

野外鸟类的鉴定主要参照《中国野外鸟类手册》（约翰·马敬能等，2022）及《中国鸟类观察手册》（刘阳和陈水华，2021）；鸟类分类系统、居留情况及中国特有种主要参照《中国鸟类分类与分布名录》（第四版）（郑光美，2023）和《云南鸟类志》（上、下卷）（杨岚等，1995；杨岚和杨晓君，2004）。国家重点保护野生鸟类参考《国家重点保护野生动物名录》；物种受威胁程度参考《中国生物多样性红色名录：脊椎动物卷》（简称"红色名录"；蒋志刚，2021）；鸟类区系依据《中国动物地理》（张荣祖，2001），IUCN红色名录物种参照《世界自然保护联盟濒危物种红色名录》（2022）（https://www.iucnredlist.or.），以下简称"IUCN红色名录"。

为确定调查结果与物种真实存在状况之间的差异，需要对调查的抽样量进行充分性检验。通过生成物种累计曲线判断调查的抽样量是否充分，以保证抽样的科学性。本研究利用R 4.2.3软件的"iNEXT"包绘制稀疏和外推（R/E）曲线，以实线和虚线分别代表基于样本容量的稀疏和外推抽样情况。

鸟类谱系多样性的计算首先从BirdTree数据库（http://birdtree.org）中，使用"Ericson AllSpecies: a set of 10000 trees with 9993 OUTs each"作为建树资源，下载包含本次研究发现的所有物种的5000棵随机树，然后利用BEAST软件中的"Tree Annotator"程序得到的最大分支置信树（Maximum Cladet Credibility tree），最后利用R语言中的"ggtree"函数绘制谱系树。

二 研究结果

（一）取样充分性检验

根据西盟县2年的野外观察数据，基于样本量的稀疏和外推（R/E）法计算本次西盟县鸟类调查的估计渐近物种丰富度，并绘制物种丰富度随调查鸟类个体数的内插/外推曲线。从调查结果的物种个体数的稀疏和外推曲线可以发现，前期曲线上升速度较快，随着调查记录到的物种个体数量的增多，曲线逐渐趋于平缓，鸟类物种数趋于饱和，表明本研究中调查记录到的鸟类物种较为充分（图10，图11）。

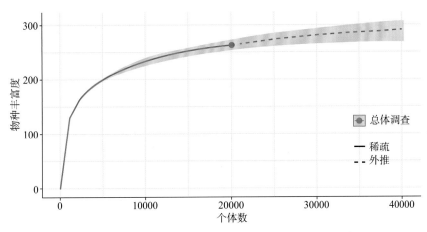

◆ 图10 全年的物种数伴随个体数的内插/外推曲线

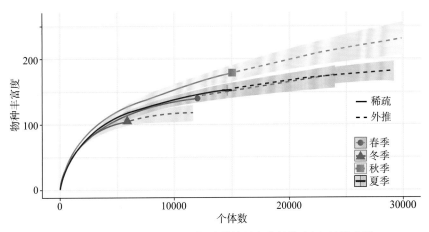

◆ 图11 鸟类不同季节物种数伴随个体数的内插/外推曲线

（二）物种组成

鸟类物种名录参照《中国鸟类分布与分类名录》（第四版）分类系统进行整理。经过2年野外观测和资料整理，西盟县共记录到鸟类262种（表3），隶属于15目57科154属。本书构建了西盟县262种鸟类的系统发育树（图12），可以体现物种间进化关系和演化历程，通过比较不同物种之间的分支长度，可以了解它们之间的相对演化距离和时间顺序。

在262种鸟类中，雀形目鸟类种数最多，共37科99属195种，科数占总科数的64.91%，属数占总属数的64.29%，种数占总种数的74.43%；其次物种数最多的是鹃形目，共1科8属11种，科数占总科数的1.75%，属数占总属数的5.19%，种数占总种数的4.20%。

表3　西盟县鸟类目科种属组成

目	科数（个）	属数（个）	种数（种）	种数占总种数比例（%）
雀形目	37	99	195	74.43
鹃形目	1	8	11	4.20
啄木鸟目	2	7	10	3.82
鹰形目	1	8	9	3.44
鸽形目	1	5	7	2.67
鹈形目	1	6	6	2.29
佛法僧目	3	4	6	2.29
鸻形目	3	4	4	1.53
鸡形目	1	3	3	1.15
鸮形目	1	2	3	1.15
夜鹰目	1	2	2	0.76
鹤形目	1	2	2	0.76
犀鸟目	2	2	2	0.76
隼形目	1	1	1	0.38
鹛䴙目	1	1	1	0.38

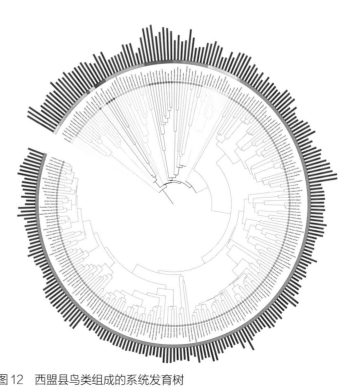

图例
- 鸡形目 GALLIFORMES
- 鸽形目 COLUMBIFORMES
- 鹈形目 PELECANIFORMES
- 鹛䴙目 PODICIPEDIFORMES
- 鹤形目 GRUIFORMES
- 鸻形目 CHARADRIIFORMES
- 鹃形目 CUCULIFORMES
- 夜鹰目 CAPRIMULGIFORMES
- 鹰形目 ACCIPITRIFORMES
- 鸮形目 STRIGIFORMES
- 犀鸟目 BUCEROTIFORMES
- 佛法僧目 CORACIIFORMES
- 啄木鸟目 PICIFORMES
- 隼形目 FALCONIFORMES
- 雀形目 PASSERIFORMES

■ 体重 Body mass(ln)

◆ 图12　西盟县鸟类组成的系统发育树

（三）生态型情况

在西盟县调查记录到了游禽类、涉禽类、陆禽类、猛禽类、攀禽类和鸣禽类等6个鸟类生态类群。其中，以鸣禽类物种最多，共有195种，占总种数的74.43%；其次为攀禽类，共有31种，分别占总种数的11.83%；游禽类数量最少，仅有1种，占种总数的0.38%（表4）。

表4　西盟县鸟类生态型情况

类群	科数（个）	科数占总科数比例（%）	种数（种）	种数占总物种数比例（%）
鸣禽	37	64.91	195	74.43
攀禽	9	15.79	31	11.83
涉禽	5	8.77	12	4.58
陆禽	2	3.51	12	4.58
猛禽	3	5.26	11	4.20
游禽	1	1.75	1	0.38

（四）居留型情况

西盟县的鸟类中，主要以留鸟为主，留鸟有181种，占总种数的69.08%；冬候鸟有29种，占总种数的11.07%；夏候鸟有41种，占总种数的15.65%；旅鸟有11种，占总种数的4.20%（图13）。

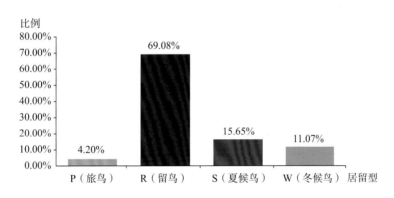

◆ 图13　西盟县鸟类居留型情况

（五）区系情况

由于一些鸟类具有迁徙的习性，按当地繁殖鸟主要分布区域划分鸟类区系从属，确定西盟县鸟类区系组成。分布于西盟县的鸟类中繁殖鸟类共222种，其中，东洋种共117种，占繁殖鸟类总种数的52.70%，广布种共105种，可见该地区鸟类区系以东洋界成分为主，广布种次之。

（六）分布情况

（1）生境分布

本次调查在西盟县内共记录到鸟类262种，其中，在原生林内记录到的有245种，占本次调查到的总种数的93.51%；在人工生境（包括农田、橡胶林、桉树林等）中记录到的有180种，占本次调查到的总种数的68.70%；在两种生境中均有记录的有163种，占本次调查到的总物种数的62.21%。

（2）乡镇分布

在西盟县7个乡（镇）调查显示，勐梭镇记录到的鸟类物种数最多，共记录到178种，占本次记录到的总种数的67.94%；其次为中课镇，共记录到167种，占本次记录到的总种数的63.74%；岳宋乡记录到的鸟类物种数最少，共记录到108种，占本次记录到的总种数的41.22%（表5）。

表5　西盟县鸟类乡镇分布情况

乡镇	物种数（种）	占总种数比例（%）
勐梭镇	178	67.94
中课镇	167	63.74
勐卡镇	122	46.56
力所乡	116	44.27
翁嘎科镇	115	43.89
新厂镇	110	41.98
岳宋乡	108	41.22

（3）季节间情况

西盟县鸟类以秋季迁徙期间和冬季越冬期间鸟类多样性相对较高（表6）。春季在西盟县共记录到鸟类142种，隶属于12目44科，各占记录总数的54.20%、80.00%和77.19%；夏季在西盟县共记录到鸟类155种，隶属于12目46科，各占记录总数的59.16%、80.00%和80.70%；秋季在西盟县共记录到鸟类179种，隶属于14目53科，各占记录总数的68.32%、93.33%和92.98%；冬季在西盟县共记录到鸟类165种，隶属于13目49科，各占记录总数的62.98%、86.67%和85.96%。

表6　西盟县鸟类季节间情况

季节	目数（个）	目数占总目数比例（%）	科数（个）	科数占总科数比例（%）	种数（种）	物种数占总种数比例（%）
春季	12	80.00	44	77.19	142	54.20
夏季	12	80.00	46	80.70	155	59.16
秋季	14	93.33	53	92.98	179	68.32
冬季	13	86.67	49	85.96	165	62.98

（4）海拔间情况

西盟县鸟类分布格局呈现为中锋模型，即鸟类多集中在1000～1900m的中海拔段，1000m以下的低海拔段及1900m以上的高海拔段鸟类物种数量和个体数量都相对较低（图14）。其中，1000m以下海拔段共记录到鸟类130种，隶属于10目42科，各占记录总数的49.62%、66.67%和73.68%；1000～1300m海拔段共记录到鸟类187种，隶属于15目52科，各占记录总数的

71.37%、100%和91.23%；1300～1600m海拔段共记录到鸟类174种，隶属于12目48科，各占记录总数的66.41%、80.00%和84.21%；1600～1900m海拔段共记录到鸟类158种，隶属于12目44科，各占记录总数的60.30%、80.00%和77.19%；1900m以上海拔段共记录到鸟类121种，隶属于9目40科，各占记录总数的46.18%、60.00%和70.18%。

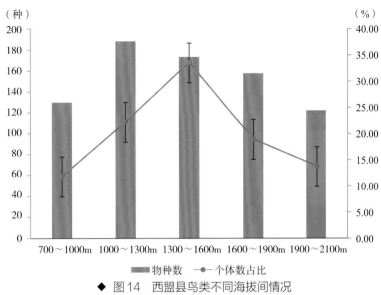

◆ 图14　西盟县鸟类不同海拔间情况

（七）保护和受胁物种

西盟县共记录到国家一级保护野生鸟类1种，即冠斑犀鸟*Anthracoceros albirostris*；记录到国家二级保护野生鸟类30种，包括红原鸡*Gallus gallus*、白鹇*Lophura nycthemera*、斑尾鹃鸠*Macropygia unchall*、厚嘴绿鸠*Treron curvirostra*、楔尾绿鸠*T. sphenurus*、褐翅鸦鹃*Centropus sinensis*、黑翅鸢*Elanus caeruleus*、凤头蜂鹰*Pernis ptilorhynchus*、蛇雕*Spilornis cheela*、鹰雕*Nisaetus nipalensis*、凤头鹰*Accipiter trivirgatus*、松雀鹰*A. virgatus*、黑鸢*Milvus migrans*、灰脸鵟鹰*Butastur indicus*、普通鵟*Buteo japonicus*、黄嘴角鸮*Otus spilocephalus*、领鸺鹠*Glaucidium brodiei*、斑头鸺鹠*G. cuculoides*、绿喉蜂虎*Merops orientalis*、栗头蜂虎*M. leschenaulti*、白胸翡翠*Halcyon smyrnensis*、大黄冠啄木鸟*Chrysophlegma flavinucha*、红脚隼*Falco amurensis*、长尾阔嘴鸟*Psarisomus dalhousiae*、银胸丝冠鸟*Serilophus lunatus*、小盘尾*Dicrurus remifer*、红胁绣眼鸟*Zosterops erythropleurus*、银耳相思鸟*Leiothrix argentauris*、棕腹大仙鹟*Niltava davidi*、大仙鹟*Niltava grandis*等。

西盟县的鸟类中被《中国生物多样性红色名录：脊椎动物卷》（2021）评估为受胁物种的有2种：极危（CR）的有1种，即冠斑犀鸟；濒危（EN）的有1种，即大黄冠啄木鸟。列入IUCN红色名录并被评估为受胁物种的有1种——蓝翡翠，被评估为易危（VU）物种。

各论

红原鸡 *Gallus gallus*

鸡形目（GALLIFORMES）>雉科（Phasianidae）>原鸡属（*Gallus*）

二级

本地分布：力所乡 勐卡镇 勐梭镇 翁嘎科镇 新厂镇 岳宋乡 中课镇

遇见月份：1 2 3 4 5 6 7 8 9 10 11 12

形态特征：体长38.6～71cm，体重435～1050g。雄鸟体羽华丽，头顶为橙红色，上体主要为金红色，下体为黑褐色，尾羽黑色而具有绿色的金属光泽；头顶上具有一个鲜红色的肉冠；喉下有2个砖红色的肉垂；颈和腰的羽毛长而呈矛状，称为矛翎；中央尾羽特别延长，羽干弯曲而呈镰刀状下垂；跗跖长而强，具有一个长而弯曲的距。雌鸟肉冠和肉垂均不发达，没有矛翎，无距；头、颈和下体大多为棕黄色，颈部具有黑色的斑纹；上体为黑褐色，密布细的黑色虫蠹状斑和浅黄白色的羽干纹；尾羽为黑褐色，中央尾羽不特别延长，羽缘具有暗绿色的细斑。

生活习性：栖息海拔高度为50～2000m的热带雨林、混交林、灌丛等多种环境。喜欢结群生活，除繁殖期外，大多结成7～8只的群体，最多可达20多只。性情机警，受惊后便迅速奔入树林、灌丛中，或飞到山坡之下。夜间栖息于树上，清晨下到地面活动。

食性：主要以植物的花、嫩叶、果实等植物性食物为食，也吃白蚁、蚯蚓等动物性食物。

繁殖：繁殖期2—5月，巢为地面简陋的浅坑。每窝产卵4～8枚。孵化期19～21d。雏鸟早成性，孵出的当日即可离巢随亲鸟活动。

国内分布：分布于云南中部和南部、广东、广西、海南等地。

白鹇 *Lophura nycthemera*

鸡形目（GALLIFORMES）>雉科（Phasianidae）>鹇属（*Lophura*）

二级

各论

019

本地分布：力所乡　勐卡镇　勐梭镇　翁嘎科镇　新厂镇　岳宋乡　中课镇

遇见月份：1　2　3　4　5　6　7　8　9　10　11　12

　　形态特征：体长94～113.5cm，体重1150～2000g。雄鸟尾长而白色，背白色，头顶黑色，长冠羽黑色，中央尾羽纯白，背及其余尾羽白色带黑斑和细纹，下体黑色，脸颊裸皮鲜红色。雌鸟上体橄榄褐色至栗色，下体具褐色细纹或杂白色或皮黄色，具暗色冠羽及红色脸颊裸皮。

　　生活习性：栖息于海拔1500～2700m的山地阔叶林、亚热带常绿阔叶林等，尤喜在山林下层的浓密竹丛间活动。受惊时，羽冠竖立，尾羽微扬，多向山上奔走，至山顶方展翅起飞。在白天隐匿不见，喜欢在晨昏活动。觅食时，边走边叫，叫声粗糙。走路时，经常左顾右盼，如果发现敌情，则立即逃走。不善飞，只有遇障碍或迫不得已时，才展翅飞起。夜间栖息在树枝上，爱清洁，经常做沙浴。

　　食性：主要以昆虫及植物茎叶、果实和种子为食。

　　繁殖：繁殖期4—5月，通常营巢于林下灌丛间地面凹处或草丛中。每窝产卵4～8枚，孵化期24～25d。雏鸟早成性，孵出的当日即可离巢随亲鸟活动。

　　国内分布：分布于长江流域及其以南地区。

环颈雉 *Phasianus colchicus*

鸡形目（GALLIFORMES）>雉科（Phasianidae）>雉属（*Phasianus*）

本地分布：力所乡 勐卡镇 勐梭镇 翁嘎科镇 新厂镇 岳宋乡 中课镇

遇见月份： 1 2 3 4 5 6 7 8 9 10 11 12

形态特征：体长59～86.8cm，体重880～1650g。雄鸟头部具黑色光泽，有显眼的耳羽簇，宽大的眼周裸皮鲜红色。有些亚种有白色颈圈。身体披金挂彩，满身点缀着发光羽毛，从墨绿色至铜色至金色；两翼灰色；尾长而尖，褐色并带黑色横纹。雌鸟体形小而色暗淡，周身密布浅褐色斑纹。

生活习性：栖息于海拔300～3000m的中、低山丘陵的灌丛、竹丛或草丛中。善走而不能久飞，飞行快速而有力。夏季繁殖期可上迁高山坡处，冬季迁至山脚草原及田野间。

食性：喜食谷类、浆果、种子和昆虫。

繁殖：繁殖期3—7月。营巢于草丛、芦苇丛或灌木丛中地上，也在隐蔽的树根旁或麦地里营巢。1年繁殖1窝，南方可到2窝。每窝产卵6～22枚，南方窝卵数较少，多为4～8枚。孵化期为23～24d。雏鸟早成性，孵出的当日即可离巢随亲鸟活动。

国内分布：分布于南部和西北部、东北及海南岛等地。

小䴙䴘 *Tachybaptus ruficollis*

䴙䴘目（PODICIPEDIFORMES）>䴙䴘科（Podicipedidae）>小䴙䴘属（*Tachybaptus*）

本地分布：力所乡 勐卡镇 勐梭镇 翁嘎科镇 新厂镇 岳宋乡 中课镇

遇见月份：1 2 3 4 5 6 7 8 9 10 11 12

　　形态特征：体长22～31.8cm，体重150～275g。小䴙䴘喙尖如凿，故又称尖嘴鸭子。上体黑褐色，部分羽毛尖端白色；眼先、颏、上喉等黑褐色；下喉、耳羽、颈侧红栗色；初级、次级飞羽灰褐色，初级飞羽尖端灰黑色，次级飞羽尖端白色；大、中覆羽暗灰黑色，小覆羽淡黑褐色；前胸、两胁、肛周灰褐色，前胸羽端苍白或白色；后胸和腹丝光白色，沾与前胸相同的灰褐色；腋羽和翼下覆羽白色；趾具宽阔的蹼。

　　生活习性：栖息的海拔高度为1200～2800m，喜在清水及有丰富水生生物的湖泊、沼泽及涨过水的稻田活动。通常单独或成分散小群活动。繁殖期在水上相互追逐并发出叫声。善于游泳、潜水。

　　食性：食物主要为各种小型鱼类，也吃虾、蜻蜓幼虫、蝌蚪、甲壳类、软体动物和蛙等小型水生动物，偶尔也吃水草等少量水生植物。

　　繁殖：繁殖期4—5月。营巢于有芦苇、灌木丛和水草的开阔水域。每窝产卵6～7枚，孵化期19～28d。雏鸟早成性，孵出的当日即可离巢随亲鸟活动。

　　国内分布：广泛分布于各地。

斑林鸽 *Columba hodgsonii*

鸽形目（COLUMBIFORMES）>鸠鸽科（Columbidae）>鸽属（*Columba*）

本地分布： 力所乡 勐卡镇 勐梭镇 翁嘎科镇 新厂镇 岳宋乡 中课镇

遇见月份： 1 2 3 4 5 6 7 8 9 10 11 12

　　形态特征： 体长34～38cm，体重314～380g。雄鸟整个头部灰色，颏、喉部稍淡；后颈上部与头同色，下部黑褐色；颈部羽端形尖而呈灰色；上背和肩部紫红褐色；下背至尾上覆羽暗蓝灰色；尾羽黑色；大、中覆羽与下背同色，中覆羽有不规则的白色圆形点斑；初级覆羽和飞羽黑褐色；胸部鸽灰色并具红褐色三角形斑，由胸至腹转为沾紫的红褐色，各羽端两侧具棕灰至棕黄色羽缘并形成斑点，斑点向后逐渐变小、变疏；肛周、尾下覆羽和腋羽暗灰色。雌鸟上、下体均无紫红褐色，呈暗褐色；胸、腹部的三角形点斑也为暗色。

　　生活习性： 主要栖息于海拔600～3400m的亚热带阔叶林和针阔混交林，主要营树栖生活，大多在栎树林间觅食，多为2～3只或4～5只结群活动。秋季在果树上活动，有时也见有几十只的大群。

　　食性： 主要以植物的果实和种子为食，有时也吃昆虫。

　　繁殖： 繁殖期5—7月，窝卵数1枚。

　　国内分布： 分布于甘肃、陕西、四川、云南、西藏等地。

山斑鸠 *Streptopelia orientalis*

鸽形目（COLUMBIFORMES）>鸠鸽科（Columbidae）>斑鸠属（*Streptopelia*）

本地分布： 力所乡 勐卡镇 勐梭镇 翁嘎科镇 新厂镇 岳宋乡 中课镇

遇见月份： 1 2 3 4 5 6 7 8 9 10 11 12

　　形态特征： 体长 26～35.9cm，体重 260～400g。前额和头顶前部蓝灰色；头顶后部至后颈转为沾栗色的棕灰色；颈基两侧各有一块黑白色条纹的块状斑，形成显著黑灰色颈斑；上背褐色，各羽缘为红褐色；下背和腰蓝灰色；尾上覆羽和尾褐色，具蓝灰色羽端，愈向外侧蓝灰色羽端愈宽阔；最外侧尾羽外翈灰白色；肩和内侧飞羽黑褐色，具红褐色羽缘；外侧中覆羽和大覆羽深石板灰色，羽端较淡；飞羽黑褐色，羽缘较淡；下体为葡萄酒红褐色，颏、喉棕色沾染粉红色，胸沾灰，腹淡灰色，两胁、覆羽及尾下覆羽蓝灰色。

　　生活习性： 栖息于海拔 400～2000m 的低山丘陵、平原、阔叶林、混交林、次生林、果园、农田以及宅旁竹林和树上。在地面活动时十分活跃，常小步迅速前进，边走边觅食，头前后摆动。

　　食性： 多为带颗谷类，如高粱谷、粟谷，也食用一些樟树籽核、初生螺蛳等。

　　繁殖： 繁殖期 4—7 月，营巢于林中树上，通常一年繁殖 2 窝，窝卵数 2 枚，由雌雄亲鸟轮流孵卵，孵化期 18～19d。雏鸟晚成性，由雌雄亲鸟共同抚育，经过 18～20d 的喂养，幼鸟即可离巢飞翔。

　　国内分布： 遍布各地。

珠颈斑鸠 *Streptopelia chinensis*

鸽形目（COLUMBIFORMES）>鸠鸽科（Columbidae）>斑鸠属（*Streptopelia*）

本地分布：力所乡 勐卡镇 勐梭镇 翁嘎科镇 新厂镇 岳宋乡 中课镇

遇见月份：1 2 3 4 5 6 7 8 9 10 11 12

形态特征：体长27.2～34cm，体重120～205g。前额淡蓝灰色，到头顶逐渐变为淡粉红灰色；枕、头侧和颈粉红色；后颈有一大块黑色领斑，其上布满白色或黄白色珠状似的细小斑点；上体余部褐色，羽缘较淡；中央尾羽与背同色，但较深些；外侧尾羽黑色，具宽阔的白色端斑；翼缘、外侧小覆羽和中覆羽蓝灰色，其余覆羽较背为淡；飞羽深褐色，羽缘较淡；颏白色；头侧、喉、胸及腹粉红色；两胁、翅下覆羽、腋羽和尾下覆羽灰色。

生活习性：栖息于海拔400～2000m的低山丘陵、平原和山地阔叶林、混交林、次生林、果园和农田以及宅旁竹林和树上。常成小群活动，有时也与其他斑鸠混群。栖息环境较为固定，如无干扰，可以较长时间不变。多在开阔农耕区、村庄及房前屋后、寺院周围或小沟渠附近活动。

食性：主要以植物种子为食，特别是农作物种子，如稻谷、玉米、小麦、豌豆、黄豆、菜豆、油菜、芝麻、高粱、绿豆等。有时也吃蝇蛆、蜗牛、昆虫等动物性食物。

繁殖：繁殖期3—7月。通常营巢于小树枝杈上或在矮树丛和灌木丛间营巢，也见在山边岩石缝隙中营巢的。每窝产卵2枚。雌雄轮流孵卵，孵化期18d。雏鸟晚成性，由雌雄亲鸟共同抚育，经过18～20d的喂养，幼鸟即可离巢飞翔。

国内分布：遍布各地。

斑尾鹃鸠 *Macropygia unchall*

鸽形目（COLUMBIFORMES）>鸠鸽科（Columbidae）>鹃鸠属（*Macropygia*）

二级

本地分布：力所乡 勐卡镇 勐梭镇 翁嘎科镇 新厂镇 岳宋乡 中课镇

遇见月份：1 2 3 4 5 6 7 8 9 10 11 12

　　形态特征：体长36～40cm，体重180～230g。体大而长的褐色鹃鸠。额、眼先、颏、喉皮黄色；头顶、后颈和胸部及颈侧均紫铜色并闪绿色光泽；上背至尾上覆羽黑褐色而杂暗栗色细狭横斑；两翅中、小覆羽及最内侧数枚次级飞羽与背同色，两翅余部暗褐色；胸部紫铜色，闪绿色光泽，各羽具黑色次端斑，下胸的紫铜色渐淡；腹部淡棕白色；尾下覆羽棕色。

　　生活习性：栖息于海拔600～1400m的山地常绿阔叶林或次生林灌丛，也见于低地的农田。常成对或集小群活动，多于树上觅食，也于林间空地觅食。

　　食性：主要以各种植物果实为食，也吃少量稻谷、草籽。

　　繁殖：繁殖期5—8月。营巢于茂密的森林中，有时也在竹林中营巢，通常置巢于树枝杈上。巢甚简陋，主要由枯枝和草构成。每窝产卵1枚，偶尔2枚。

　　国内分布：分布于华东、华南以及西藏东南部、云南等地。

绿翅金鸠 *Chalcophaps indica*

鸽形目（COLUMBIFORMES）>鸠鸽科（Columbidae）>金鸠属（*Chalcophaps*）

本地分布： 力所乡 勐卡镇 勐梭镇 翁嘎科镇 新厂镇 岳宋乡 中课镇

遇见月份： 1 2 3 4 5 6 7 8 9 10 11 12

形态特征：体长25～30.1cm，体重为100～150g。尾甚短的地栖型斑鸠。下体粉红色，头顶灰色，额白，腰灰，两翼具亮绿色。雌鸟头顶无灰色。飞行时，背部两道黑色和白色的横纹清晰可见。

生活习性：栖息于海拔400～2000m的中低海拔原始林及次生林，通常单个或成对活动于森林下层植被浓密处。极快速地低飞，穿林而过，起飞时振翅有声。饮水于溪流及池塘。

食性：以野果、种子、昆虫等为食。

繁殖：繁殖期3—5月。通常营巢于灌木丛间或竹丛顶端。每窝产卵2枚。雌雄轮流孵卵，孵化期14～18d。繁殖期间，雌性主要负责孵卵，雄性负责育雏和喂食。

国内分布：分布于云南南部、广西、海南、广东至台湾南部及西藏东南部。

厚嘴绿鸠 *Treron curvirostra*

鸽形目（COLUMBIFORMES）>鸠鸽科（Columbidae）>绿鸠属（*Treron*）

本地分布： 力所乡　勐卡镇　勐梭镇　翁嘎科镇　新厂镇　岳宋乡　中课镇

遇见月份： 1　2　3　4　5　6　7　8　9　10　11　12

二级

027

　　形态特征： 体长22.5～31cm，体重112～186g。喙短而厚，呈淡黄绿色或铅白色，喙基两侧呈珊瑚红色；脚珊瑚红色，爪为角褐色；眼睛内的虹膜分为两圈，外圈为橙红色，内圈灰蓝色，周围还有铜绿色的裸露皮肤；羽毛从额前到头顶羽毛略呈灰色；背部为深栗红色；翅膀黑色，并有亮黄色的翼带；中央尾羽呈橄榄绿色，下面为灰褐色，并具有灰色的先端；尾羽的羽干除中央2枚为浅褐色外，其余均为黑色。

　　生活习性： 栖息于热带和亚热带山地丘陵带阴暗潮湿的原始森林、常绿阔叶林和次生林中。由于嗜食榕树的果实，所以经常出现在果树林中，特别是榕树林中常见。在村寨附近和山丘的常绿阔叶林等没有榕树的地方，它们也吃其他植物的果实与种子。

　　食性： 主要以榕树或果树上的果实为食。

　　繁殖： 繁殖期4—9月。雄鸟和雌鸟共同营巢，但雌鸟负担的工作较多，雄鸟则常为雌鸟外出觅食。巢建在林中小树、灌丛或竹林中的树叶丛生的地方或树枝相互交叉的枝条上，有的巢也建在藤枝缠绕的密丛中。护巢性极强，营巢期间常发生争斗，所以很少能见到两个巢距离很近的现象。对于入侵巢区的其他鸟类，厚嘴绿鸠更是坚决地给予痛击。通常每窝产2枚白色、光滑的卵。孵化期为14d左右，由雄鸟和雌鸟轮流进行孵卵和育雏。

　　国内分布： 分布于海南五指山、广西龙州和天等、云南西双版纳等地。

楔尾绿鸠 *Treron sphenurus*

鸽形目（COLUMBIFORMES）>鸠鸽科（Columbidae）>绿鸠属（*Treron*）

二级

本地分布： 力所乡 勐卡镇 勐梭镇 翁嘎科镇 新厂镇 岳宋乡 中课镇

遇见月份： 1 2 3 4 5 6 7 8 9 10 11 12

　　形态特征：体长28.4～34.9cm，体重160～240g。雄鸟头绿色，头顶橙黄色，胸橙黄色，上背紫灰色；翼覆羽及上背紫栗色，其余翼羽及尾深绿色且大覆羽及色深的飞羽羽缘黄色；臀淡黄色具深色纵纹；两胁边缘黄色；尾下覆羽棕黄色。雌鸟尾下覆羽及臀浅黄色，具大块的深色斑纹；无雄鸟的金色及栗色。

　　生活习性：栖息于海拔800～3000m的山地阔叶林或混交林中。常单个、成对或成小群活动。尤以早晨和傍晚活动较频繁，主要在树冠层活动和觅食。叫声非常悦耳动听，富有箫笛的音韵。

　　食性：主要以树木和其他植物的果实与种子为食。

　　繁殖：繁殖期4—7月。营巢于森林中高大的树上。巢呈平盘状，甚为简陋，仅用少量枯枝堆集而成。每窝产卵2枚，卵的颜色为白色。孵化期13～14d。雏鸟为晚成性，经过亲鸟12d的抚育后即可离巢。

　　国内分布：分布于四川南部、西藏南部及云南。

棕雨燕 *Cypsiurus balasiensis*

夜鹰目（CAPRIMULGIFORMES）>雨燕科（Apodidae）>棕雨燕属（*Cypsiurus*）

本地分布：力所乡　勐卡镇　**勐梭镇**　翁嘎科镇　新厂镇　岳宋乡　中课镇

遇见月份：1　2　3　4　5　6　7　8　**9**　10　11　12

　　形态特征：体长11～14cm，体重9～13g。额至头顶深黑褐色，略显绿色金属光泽；后颈至尾上覆羽黑褐色，腰略浅；初级飞羽及覆羽深黑褐色，略具蓝紫色光泽；外侧次级飞羽与初级飞羽同色，向内逐渐变浅；肩羽与背同色；头侧、颈侧、颊、喉、前颈和前胸均灰褐色，喉部略为浅；下体余部暗灰褐色；尾羽黑褐色，略具紫蓝色光泽。

　　生活习性：主要栖息于低山丘陵、平原等开阔地区，以林缘、灌丛、城镇、村寨和有棕榈树的田间地区。常成群在开阔的旷野上空飞翔。天气晴朗时飞得较高，阴天飞得较低。

　　食性：以昆虫为食。

　　繁殖：繁殖期5—7月。成对或成小群营巢繁殖。通常营巢于屋檐下或棕榈树叶上和茅草上。巢呈杯状，巢距地高8m左右。窝卵数2～3枚，多为2枚。

　　国内分布：分布于云南、广西、海南。

小白腰雨燕 *Apus nipalensis*

夜鹰目（CAPRIMULGIFORMES）>雨燕科（Apodidae）>雨燕属（*Apus*）

本地分布： 力所乡　勐卡镇　勐梭镇　翁嘎科镇　新厂镇　岳宋乡　中课镇

遇见月份： 1　2　3　4　5　6　7　8　9　10　11　12

形态特征： 体长 11～14cm，体重 25～31g。额、头顶、后颈和头侧灰褐色；背和尾黑褐色，微带蓝绿色光泽；尾为平尾，中间微凹；腰具白色，羽轴褐色；尾上覆羽暗褐色，具铜色光泽；翼较宽阔，呈烟灰褐色；肩灰褐色，三级飞羽微带光泽；颏、喉灰白色，颊淡褐色；其余下体暗灰褐色；尾下覆羽灰褐色；喙黑褐色；跗跖灰褐色，前面被羽。

生活习性： 栖息于海拔 800～4500m 的开阔林区、城镇、悬岩和岩石海岛等各类生境中。成群栖息和活动。有时也与家燕混群飞翔于空中。飞翔快速，常在快速振翅飞行一阵之后又伴随着一阵滑翔，二者常交替进行。在傍晚至午夜和清晨会发出比较尖的鸣叫声。其活动范围较广，从村镇附近至高山密林都可见该鸟活动。雨后多见集群于溶洞地区上空穿梭飞翔，有时绕圈子动作整齐。

食性： 主要以蝗虫、蚱蜢等昆虫为食。

繁殖： 繁殖期 4—7 月。营巢于临近河边和悬崖峭壁裂缝中。雌雄亲鸟均参与营巢活动，但以雌鸟为主。每窝产卵 2～4 枚。孵化期 20～23d。雏鸟晚成性，孵化后喂养 30d 以上才能飞翔。

国内分布： 分布于南部的大部分地区。

褐翅鸦鹃 *Centropus sinensis*

鹃形目（CUCULIFORMES）>杜鹃科（Cuculidae）>鸦鹃属（*Centropus*）

二级

本地分布：力所乡　勐卡镇　勐梭镇　翁嘎科镇　新厂镇　岳宋乡　中课镇

遇见月份：1　2　3　4　5　6　7　8　9　10　11　12

　　形态特征：体长40～52cm，体重为250～392g。体形大而粗壮，尾巴较长。成鸟虹膜为红色；喙和脚为黑色；体羽为全黑色而具光泽，仅上背、翼及翼覆羽为栗红色；从头至胸有紫蓝色光泽和亮黑色的羽干纹；由胸至腹具有绿色光泽；尾羽有铜绿色光泽；初级飞羽和外侧次级飞羽具有暗色羽端；冬季上体羽干色淡，下体具有横斑。

　　生活习性：主要栖息于海拔1000m以下的低山丘陵和平原地区的林缘灌丛、稀树草坡、河谷灌丛、草丛和芦苇丛中。常见于早上和黄昏在芦苇顶上晒太阳。通常多单个或成对在地面活动，休息时也栖于小树枝上，若遇干扰或有危险时则很快落入地上草丛或灌丛中，或飞离数十米远又落于矮树上。善于地面行走，也会在灌丛及树木间跳动。善飞行，但通常飞不远又停下。

　　食性：主要以昆虫为食，也吃蜈蚣、蚯蚓、甲壳类、软体动物等其他无脊椎动物，以及蛇、蜥蜴、鼠类、鸟卵和雏鸟等脊椎动物，有时还吃一些杂草种子和果实等植物性食物。

　　繁殖：繁殖期4—9月。营巢于灌草丛中，窝卵数3～5枚，由雌雄亲鸟轮流孵卵。孵化期17～19d，育雏期15d左右。

　　国内分布：分布于浙江、福建、广西、广东、云南、贵州南部和海南。

绿嘴地鹃 *Phaenicophaeus tristis*

鹃形目（CUCULIFORMES）>杜鹃科（Cuculidae）>地鹃属（*Phaenicophaeus*）

本地分布： 力所乡 勐卡镇 勐梭镇 翁嘎科镇 新厂镇 岳宋乡 中课镇

遇见月份： 1 2 3 4 5 6 7 8 9 10 11 12

形态特征： 体长43～58.9cm，体重92～146g。体形似小鸦鹃，但羽色呈绿灰色；后爪弯曲；虹膜赤红色，眼周有一裸区，眼外周裸露皮肤繁殖期为赤红色，非繁殖期为暗红色；喙绿色，基部及先端色暗，近喙角处常沾红色，非繁殖期下喙黄褐色；脚石板绿色。幼鸟和成鸟相似，但缺少光泽。

生活习性： 主要栖息在海拔2100m以下的山地次生阔叶林、雨林、季雨林、常绿阔叶林和针阔混交林中。喜栖于原始林、次生林及人工林中枝叶稠密及藤条缠结处。多在林下地面或灌木丛中跳跃觅食。

食性： 食物以较大型昆虫及小型脊椎动物为主，兼吃野果。

繁殖： 繁殖期3—7月。每窝产卵2～4枚。通常营巢于林下灌木丛中，多置巢于距地不高的小树或小灌木枝上，也在竹丛中营巢。孵化期为25～28d，育雏阶段亲鸟会轮流照顾幼鸟。

国内分布： 分布于西藏东南部、云南、广西西南部、广东和海南。

噪鹃 *Eudynamys scolopaceus*

鹃形目（CUCULIFORMES）>杜鹃科（Cuculidae）>噪鹃属（*Eudynamys*）

本地分布： 力所乡 勐卡镇 勐梭镇 翁嘎科镇 新厂镇 岳宋乡 中课镇

遇见月份： 1 2 3 4 5 6 7 8 9 10 11 12

　　形态特征：体长37～43cm，体重175～242g。雄鸟通体蓝黑色，具蓝色光泽；下体沾绿。雌鸟上体暗褐色，略具金属绿色光泽，并满布整齐的白色小斑点；头部白色小斑点略沾皮黄色，且较细密，常呈纵纹头状排列。背、翅上覆羽及飞羽，以及尾羽常呈横斑状排列；颏至上胸黑色，密被粗的白色斑点；其余下体具黑色横斑。

　　生活习性：主要栖息于海拔1000m左右的山地、丘陵、山脚平原地带林木茂盛的地方。常见于村寨和耕地附近的高大树上，隐蔽于大树顶层茂盛的枝叶丛中。多单独活动。

　　食性：主要以榕树、芭蕉等植物果实及种子为食，也吃毛虫、蚱蜢、甲虫等昆虫。

　　繁殖：繁殖期一般为3—8月。产卵时会四处寻找符合要求的巢穴，将自己的鸟蛋产在别的鸟巢里，由别的鸟代孵代育，具有明显的巢寄生特征。一般窝卵数为1～2枚。孵化期13d左右，且幼鸟生长发育较快。

　　国内分布：广布于各地如河北、浙江、广东、云南等。

翠金鹃 *Chrysococcyx maculatus*

鹃形目（CUCULIFORMES）>杜鹃科（Cuculidae）>金鹃属（*Chrysococcyx*）

本地分布：力所乡 勐卡镇 勐梭镇 翁嘎科镇 新厂镇 岳宋乡 中课镇

遇见月份：1 2 3 4 5 6 7 8 9 10 11 12

　　形态特征：体长15.1～18.1cm，体重21～37g。雄鸟上体辉绿色，头至背缀有很多棕栗色，额和喉具黑褐色横斑；雌鸟上体自背以下具棕色羽缘。虹膜淡红褐色至绯红色，眼圈绯红色；喙亮橙黄色，尖端黑色；脚暗褐绿色。

　　生活习性：栖息于海拔1200～2000m的低山和山脚平原茂密的森林中。多单个或成对活动，偶尔也见2～3对觅食于高大乔大顶部茂密的枝叶间，不易发现，飞行快速而有力。鸣声三声一度，似吹口哨声，由低而高。通常见于山区低处茂密的常绿林。

　　食性：主要以昆虫为食，偶尔也吃少量植物果实和种子。

　　繁殖：繁殖期3—6月。自己不营巢和孵卵。通常将卵产于太阳鸟、扇尾莺、棕腹柳莺等雀形目鸟类巢中，由别的鸟代孵代育。

　　国内分布：分布于四川南部、湖北、贵州、西藏东南部、云南及海南。

紫金鹃 *Chrysococcyx xanthorhynchus*

鹃形目（CUCULIFORMES）>杜鹃科（Cuculidae）>金鹃属（*Chrysococcyx*）

本地分布：力所乡　勐卡镇　勐梭镇　翁嘎科镇　新厂镇　岳宋乡　中课镇

遇见月份：1　2　3　4　5　6　7　8　9　10　11　12

形态特征：体长16～18cm，体重20～22g。雄鸟整个上体概呈辉紫色；最外侧一对尾羽具白色横斑；两翅内䎎黑褐色；颏、喉、上胸与上体同色；自上胸以后为白色，具紫色、蓝色或辉绿色闪光的横斑。雌鸟上体淡铜绿色，闪金属光泽；头顶稍暗，飞羽内䎎具一斜形栗色块斑；尾羽中央一对与上体同色；外侧尾羽均呈栗色，具白端和黑色次端斑；外䎎沿羽干有黑白二色所成的点斑；头侧、颈及下体白色，有淡褐色并闪铜色亮光的横斑，横斑在颏、喉处形最窄，在近肛处形最宽。

生活习性：主要栖息于海拔620～2750m的低山常绿阔叶林、山麓平原树林和林缘疏林及灌丛地带。多单只在森林中树冠上层的枝叶间活动，极不易观察，有时也活动于平原树林。

食性：主要以昆虫为食。

繁殖：繁殖期4—6月，寄主有黄腰太阳鸟和捕蛛鸟等。

国内分布：分布于西藏东南部和云南西南部。

栗斑杜鹃 *Cacomantis sonneratii*

鹃形目（CUCULIFORMES）>杜鹃科（Cuculidae）>八声杜鹃属（*Cacomantis*）

本地分布： 力所乡 勐卡镇 勐梭镇 翁嘎科镇 新厂镇 岳宋乡 中课镇

遇见月份： 1 2 3 4 5 6 7 8 9 10 11 12

　　形态特征：体长24.2～25cm，体重29～30g。前额和头顶前部缀有白色斑点和横斑，其余上体红褐色，具黑褐色横斑。中央尾羽黑色，具白色尖端和黑色亚端斑；两侧具红褐色缺刻形斑，致使黑色形成不完整的横斑状；从中央往两侧，尾羽上的红褐色范围逐渐增加，而黑色范围逐渐缩小，因而红褐色横斑愈来愈宽，而黑色横斑愈来愈窄；外侧尾羽末端也为白色，或白色沾棕，且具黑色亚端斑。头侧、颈侧和下体白色或棕白色，满布以波状褐色横斑。腋羽和翅下覆羽白色或皮黄白色，具细的褐色波状横斑。

　　生活习性：栖息于海拔900～1200m的开阔的森林和林缘灌丛地区，有时也活动于耕地附近的树丛内。常长时间站在树顶秃枝上鸣叫，鸣声特异，带有颤音。

　　食性：主要以昆虫为食，尤其喜食鳞翅目幼虫和白蚁。

　　繁殖：繁殖期2—8月。不营巢和孵卵，通常将卵产于鹎科、画鹛亚科和短翅莺的巢中，由别的鸟代孵代育。

　　国内分布：分布于四川西南部、云南西南部和广西。

八声杜鹃 *Cacomantis merulinus*

鹃形目（CUCULIFORMES）>杜鹃科（Cuculidae）>八声杜鹃属（*Cacomantis*）

本地分布： 力所乡 勐卡镇 勐梭镇 翁嘎科镇 新厂镇 岳宋乡 中课镇

遇见月份： 1 2 3 4 5 6 7 8 9 10 11 12

　　形态特征：体长21～24.1cm，体重22～34g。灰褐色或棕色的小型杜鹃。成鸟头灰色，背及尾褐色，胸腹橙褐色。亚成鸟上体褐色并具黑色横斑，下体偏白色而多横斑，似栗斑杜鹃成鸟但无过眼的深色带。

　　生活习性：栖息于海拔800～2000m的低山丘陵、草坡、山麓平原、耕地和村庄附近的树林与灌丛中。单独或成对活动。较其他杜鹃活跃，常不断地在树枝间飞来飞去。喜开阔林地、次生林及农耕区，包括城镇和村庄周围树丛，常匿身于树冠层，有时也出现于果园、公园、庭园和路旁树上。

　　食性：主要以昆虫为食。尤喜食毛虫等鳞翅目幼虫。

　　繁殖：繁殖期4—8月。不营巢和孵卵，通常将卵产于其他鸟巢中。

　　国内分布：分布于西藏东南部、四川南部、云南、广西、广东、福建及海南。

乌鹃 *Surniculus lugubris*

鹃形目（CUCULIFORMES）>杜鹃科（Cuculidae）>乌鹃属（*Surniculus*）

本地分布： 力所乡 勐卡镇 勐梭镇 翁嘎科镇 新厂镇 岳宋乡 中课镇

遇见月份： 1 2 3 4 5 6 7 8 9 10 11 12

　　形态特征： 体长23.8～27.7cm，体重25～55g。通体大致黑色而具蓝色光泽；虹膜褐色或绯红色；喙黑色；脚灰蓝色；尾呈浅叉状，最外侧一对尾羽及尾下覆羽具白色横斑；初级飞羽第一枚的内侧有一块白斑，第三枚以内有一斜向的白色横斑横跨于内侧基部，翼缘也缀有白色；年龄较大的个体枕部常有白色斑点；下体黑色，微带蓝色或辉绿色。

　　生活习性： 主要栖息在海拔2000m以下的山地和平原茂密的森林中，也出现于林缘次生林、灌木林和耕地及村屯附近稀树荒坡地带。

　　食性： 主要以昆虫为食，尤其喜吃毛虫等鳞翅目昆虫，也吃其他昆虫，偶尔也吃植物果实和种子。

　　繁殖： 繁殖期3—5月。不营巢孵卵，通常将卵产于卷尾、燕尾、山椒鸟、白喉红臀鹎、沼泽大尾莺等鸟的巢中，由别的鸟代替孵卵和育雏。

　　国内分布： 分布于四川南部、云南、西藏东南部、贵州、广东、福建及海南。

大鹰鹃 *Hierococcyx sparverioides*

鹃形目（CUCULIFORMES）>杜鹃科（Cuculidae）>鹰鹃属（*Hierococcyx*）

本地分布：力所乡 勐卡镇 勐梭镇 翁嘎科镇 新厂镇 岳宋乡 中课镇

遇见月份：1 2 3 4 5 6 7 8 9 10 11 12

形态特征：体长34～40cm，体重130～168g。外形似鹰，因羽色极似苍鹰而得名。虹膜橘黄色；上喙黑色，下喙黄绿色；脚浅黄色；颏黑色，眼先和髭纹白色；胸具棕色带，具白色及灰色斑纹；腹部具白色及褐色横斑；尾羽端白色而次端斑棕红色，其余灰色，并有3～4道黑灰色宽横带。亚成鸟上体褐色带棕色横斑，下体皮黄色而具黑色纵纹，停歇时常呈蹲姿，喙端无钩而区别于鹰类。

生活习性：一般栖息于山林中，也在山旁平原活动。常单独出没，多隐藏于树顶部枝叶间，边鸣叫边穿梭于各树之间。飞行姿势很像雀鹰，飞行时先快速拍翅飞翔，然后又滑翔。在云南省分布海拔为1000～3000m。

食性：主要以昆虫成虫及其幼虫为食。

繁殖：繁殖期4—7月。有借巢寄生的习性——它们自己不营巢，却在钩嘴鹛、喜鹊等鸟类巢中产卵。每窝产卵1～2枚。孵化期30d左右，育雏期40～45d。卵孵化后，雏鸟将寄主的雏鸟杀死，被寄主喂养长大。

国内分布：分布于台湾、辽宁、河北、山东、河南、西藏、云南、海南及秦岭至四川的区域等地。

四声杜鹃 *Cuculus micropterus*

鹃形目（CUCULIFORMES）>杜鹃科（Cuculidae）>杜鹃属（*Cuculus*）

本地分布： 力所乡 勐卡镇 勐梭镇 翁嘎科镇 新厂镇 岳宋乡 中课镇

遇见月份： 1 2 3 4 5 6 7 8 9 10 11 12

形态特征：体长30～33.5cm，体重90～146g。额暗灰沾棕；眼先淡灰色；头顶至枕暗灰色，头侧灰色显褐；后颈、背、腰、翅上覆羽和次级、三级飞羽浓褐色；初级飞羽浅黑褐色，内侧具白色横斑，翼缘白色；中央尾羽棕褐色，具宽阔的黑色近端斑，先端微具棕白色羽缘；颏、喉、前颈和上胸淡灰色；胸和颈基两侧浅灰色，羽端浓褐色并具棕褐色斑点，形成不明显的棕褐色半圆形胸环。

生活习性：栖息于海拔600～1900m的山地森林和山麓平原地带的森林中，尤以混交林、阔叶林和林缘疏林地带活动较多。有时也出现于农田地边树上。

食性：主要以昆虫为食，尤其喜吃鳞翅目幼虫，也吃金龟、虎甲等其他昆虫，有时也吃植物种子等少量植物性食物。

繁殖：繁殖期5—7月，自己不营巢，通常将卵产于大苇莺、灰喜鹊、黑卷尾、黑喉石䳭等鸟巢中，由其他鸟类代孵代育。

国内分布：分布于华北、华南，直到云南边境地区。

大杜鹃 *Cuculus canorus*

鹃形目（CUCULIFORMES）>杜鹃科（Cuculidae）>杜鹃属（*Cuculus*）

本地分布：力所乡 勐卡镇 勐梭镇 翁嘎科镇 新厂镇 岳宋乡 中课镇

遇见月份：1 2 3 **4** 5 6 7 8 9 10 11 12

　　形态特征：体长26～34.5cm，体重91～153g。背面为石板黑色，腰部及尾上覆羽颜色较亮。尾羽为黑褐色，末端有白斑，沿尾羽羽轴两旁具多对通连但不对位的白斑；这些白斑在外侧尾羽面积较大，且连成横斑状；在尾羽边缘也常有一列白色锯齿形斑。

　　生活习性：栖息于海拔500～2500m的山地、丘陵和平原地带的森林中，有时也出现于农田和居民点附近高的乔木上。性孤独，常单独活动。飞行快速而有力，常循直线前进。飞行时，两翅震动幅度较大，但无声响。

　　食性：主要以鳞翅目幼虫、甲虫、蜘蛛等为食。

　　繁殖：繁殖期5—7月。大杜鹃无固定配偶，也不自己营巢和孵卵，而是将卵产于大苇莺、麻雀、灰喜鹊、伯劳、棕头鸦雀、北红尾鸲、棕扇尾莺等各类雀形目鸟类巢中，由这些鸟代孵代育。

　　国内分布：广泛分布于各地。

白胸苦恶鸟 *Amaurornis phoenicurus*

鹤形目（GRUIFORMES）>秧鸡科（Rallidae）>苦恶鸟属（*Amaurornis*）

本地分布： 力所乡 勐卡镇 勐梭镇 翁嘎科镇 新厂镇 岳宋乡 中课镇

遇见月份： 1 2 3 4 5 6 7 8 9 10 11 12

形态特征：体长26～35cm，体重163～258g。头顶橄榄褐色，面部白色，虹膜为红色；喙为黄绿色，喙基部膨起，上喙基部具微微隆起的红斑；颈部及上胸腹部为白色，上体及体侧为石板灰沾橄榄褐色；覆羽为灰褐色，第一枚初级飞羽外翈白色，翼下覆羽初端为白色；下腹为棕色，尾为黑褐色，肛周、尾下覆羽和腿覆羽为锈红色。雏鸟全身黑色。

生活习性：栖息于海拔300～2700m的长有芦苇或杂草的沼泽地和有灌木的高草丛、竹丛、湿灌木、水稻田、甘蔗田中，以及河流、湖泊、灌渠和池塘边。常单独或成对活动，偶尔集成3～5只的小群。多在清晨、黄昏和夜间活动。白天常躲藏在芦苇丛或草丛中，轻易不出来。

食性：主要以鱼虾、螺、蜗牛、蚂蚁等动物为食，也吃各种水生植物的花、嫩芽、籽和农作物等。

繁殖：繁殖期4—7月。通常巢营于水域附近的灌木丛、草丛或灌水的水稻田内，窝卵数为4～10枚。孵化期为16～18d，两性轮流孵卵、喂养和照顾幼鸟，雏鸟常由亲鸟带领活动。

国内分布：遍布于各地。

黑水鸡 *Gallinula chloropus*

鹤形目（GRUIFORMES）>秧鸡科（Rallidae）>黑水鸡属（*Gallinula*）

本地分布： 力所乡 勐卡镇 勐梭镇 翁嘎科镇 新厂镇 岳宋乡 中课镇

遇见月份： 1 2 3 4 5 6 7 8 9 10 11 12

　　形态特征： 体长28～35cm，体重200～400g。成鸟头顶、后颈和上背灰黑色，泛蓝光，其余上体深褐色；翼缘和第一枚初级飞羽外翈白色，飞羽蓝黑色，尾羽黑褐色；下体为泛蓝的灰黑色，下腹中央沾白，两胁各具一条明显的白色边缘；尾下覆羽黑色，两侧白色；喙先端黄绿色，上喙基部至额板鲜红色；脚为黄绿色，胫裸露部分的上部具有鲜红色环带。雏鸟被黑色绒羽，喙尖白色，额也具有红斑。

　　生活习性： 栖息于富有芦苇和水生挺水植物的淡水湿地、沼泽、湖泊、水库、苇塘、水渠和水稻田中，也出现于林缘和路边水渠与疏林中的湖泊沼泽地带，垂直分布高度为海拔400～1740m。常成对或成小群活动，善游泳和潜水。

　　食性： 以水生植物的幼芽、嫩叶、根、茎、种子及昆虫、蠕虫、蜘蛛、软体动物为食。

　　繁殖： 繁殖期4—9月。两性共同营巢，巢筑在草丛或芦苇丛中，用细枝、芦苇或薹草建成碟形或杯形巢，高出水面或漂于水面，偶尔也把巢建在灌丛中或树上。每窝产卵6～10枚，孵卵由双方轮流承担，孵化期19～22d。

　　国内分布： 在除西北干旱地区外的区域均有分布。

黑翅长脚鹬 *Himantopus himantopus*

鸻形目（CHARADRIIFORMES）>反嘴鹬科（Recurvirostridae）>长脚鹬属（*Himantopus*）

本地分布： 力所乡 勐卡镇 **勐梭镇** 翁嘎科镇 新厂镇 岳宋乡 中课镇

遇见月份： 1 2 3 4 5 6 7 **8** 9 10 11 12

形态特征：体长35.7～38cm，体重190～205g。黑白色涉禽。特征为细长的喙黑色，两翼黑色，长长的腿红色，体羽白色，颈背具黑色斑块。雄鸟繁殖羽（夏羽）：额白色，头顶至后颈黑色，或白色而杂以黑色。雄鸟非繁殖羽（冬羽）：和雌鸟夏羽相似，头颈均为白色，头顶至后颈有时缀有灰色上背、肩和三级飞羽褐色。幼鸟褐色较浓，头顶及颈背沾灰。

生活习性：常单独、成对或成小群在浅水中或沼泽地上活动，非繁殖期也常集成较大的群。在繁殖期和非繁殖期均栖息于开阔平原草地中的湖泊、河流浅滩、水稻田、鱼塘和海岸附近的淡水或盐水水塘和沼泽地带。

食性：主要以软体动物、甲壳类、环节动物、昆虫以及小鱼和蝌蚪等动物性食物为食。

繁殖：繁殖期5—7月。营巢于开阔的湖边沼泽、草地或湖中露出水面的浅滩及沼泽地上。常成群在一起营巢。有时也与其他水禽混群营巢。每窝产卵3～4枚。孵化期16～18d，育雏期16～18d，育雏期雌雄轮流孵卵。

国内分布：分布于新疆西部、青海东部、内蒙古西北部及台湾、广东、香港。

灰头麦鸡 *Vanellus cinereus*

鸻形目（CHARADRIIFORMES）>鸻科（Charadriidae）>麦鸡属（*Vanellus*）

本地分布： 力所乡 勐卡镇 勐梭镇 翁嘎科镇 新厂镇 岳宋乡 中课镇

遇见月份： 1 2 3 4 5 6 7 8 9 10 11 12

形态特征：体长32～36cm，体重236～413g。夏羽头、颈、胸灰色，后颈缀有褐色，多呈淡灰褐色；背、两肩、腰、两翅小覆羽和三级飞羽淡褐色，具金属光泽；腰部两侧、尾上覆羽和尾羽白色；除最外侧一对尾羽全为白色，最外侧第二对尾羽具黑色羽端外，其余尾羽均具宽阔的黑色亚端斑和狭窄的白色端缘，尤以中央一对尾羽黑色次端斑最为宽阔；初级覆羽和初级飞羽黑色，内侧初级飞羽内翈具白色羽缘，中覆羽、大覆羽和次级飞羽白色；胸灰褐色，其下紧连一黑色横带，其余下体白色。冬羽头、颈多褐色，颏、喉白色，黑色胸带部分不清晰。

生活习性：常成对或成小群活动。喜欢长时间地站在水边半裸的草地和田埂上休息，或不时双双飞入空中，盘旋一会再落下。飞行速度甚慢，有时还和凤头麦鸡一起活动。

食性：主要啄食甲虫、蝗虫、蚱蜢等鞘翅目和直翅目昆虫，也吃水蛭、蚯蚓、软体动物和植物叶及种子。

繁殖：繁殖期5—7月。营巢于苇塘和湖泊等水域附近草地上，也在田野和沼泽边的干地或盐碱地上营巢。每窝产卵4枚，孵卵由雌雄亲鸟轮流承担，孵化期27～30d。雏鸟早成性，孵出后的第二天即能行走。

国内分布：分布于除新疆、西藏外的各地。

白腰草鹬 *Tringa ochropus*

鸻形目（CHARADRLLFORMES）>鹬科（Scolopacidae）>鹬属（*Tringa*）

本地分布：力所乡 勐卡镇 勐梭镇 翁嘎科镇 新厂镇 岳宋乡 中课镇

遇见月份：1 2 3 4 5 6 7 8 9 10 11 12

形态特征：体长21.7～23cm，体重60～82g。两性相似。头、颈、背至腰羽及翅上覆羽暗橄榄褐色，并闪铜褐色光泽；背、肩及三级飞羽的羽缘缀淡皮黄白色点斑；尾上覆羽纯白色；尾羽白色，端部具宽阔的黑褐色横斑，由中央尾羽向外侧各尾羽的横斑逐渐稀疏，最外侧尾羽仅在外缘具一黑色点斑；由喙基至眼上方有一短的白色眉纹；眼先灰褐色；颊、颈侧和上胸满布白色与深褐色相间条纹；颏、喉白色；翅下覆羽、胸侧及两胁黑褐色而具白色横斑；下胸至尾下覆羽纯白色。

生活习性：繁殖季节主要栖息于山地或平原森林中的湖泊、河流、沼泽和水塘附近。非繁殖期主要栖息于沿海、河口、内陆湖泊、河流、水塘、农田与沼泽地带。常单独或成对活动。

食性：主食蠕虫、虾、蜘蛛、小蚌、田螺、昆虫等小型无脊椎动物，偶尔也吃小鱼和稻谷。

繁殖：繁殖期5—7月。巢多置于草丛中地上或树下树根间。一般不筑巢，而是利用鸫、鸽等鸟类废弃的旧巢。每窝产卵3～4枚。孵化期20～23d，雄轮流孵卵，孵卵期间亲鸟甚为护巢。

国内分布：广泛分布于各地。

矶鹬 *Actitis hypoleucos*

鸻形目（CHARADRIIFORMES）>鹬科（Scolopacidae）>矶鹬属（*Actitis*）

本地分布：力所乡 勐卡镇 勐梭镇 翁嘎科镇 新厂镇 岳宋乡 中课镇

遇见月份：1 2 3 4 5 6 7 8 9 10 11 12

　　形态特征：体长16～20.4cm，体重40～61g。眉纹白色；眼先黑褐色；头侧灰白色，具细的黑褐色纵纹；颏、喉白色，颈和胸侧灰褐色，前胸微具褐色纵纹；下体余部纯白色，腋羽和翼下覆羽亦为白色；翼下具2道显著的暗色横带。冬羽和夏羽相似，但上体较淡，羽轴纹和横斑均不明显，颈和胸微具或不具纵纹，翅覆羽具窄的皮黄色尖端。

　　生活习性：栖息于低山丘陵和山脚平原一带的江河沿岸、湖泊、水库、水塘岸边，也出现于海岸、河口和附近沼泽湿地，特别是迁徙季节和冬季。夏季也常沿林中溪流进到高山森林地带。

　　食性：主要以鞘翅目、直翅目、夜蛾等昆虫为食，也吃螺、蠕虫等无脊椎动物和小鱼、蝌蚪等小型脊椎动物。常在湖泊、水塘及河边浅水处觅食，有时也在草地和路边觅食。

　　繁殖：繁殖期5—7月。巢距水边不远，一般不超过40m。多置巢于较为隐蔽的草丛或灌丛中，有的则完全裸露于河边沙滩上。每窝产卵4～5枚。卵产齐后即开始孵卵，由雌鸟单独承担，雄鸟不参与孵卵活动。

　　国内分布：分布广泛且常见，繁殖于北方各地，越冬于长江流域以南各地，包括海南和台湾。

夜鹭 *Nycticorax nycticorax*

鹈形目（PELECANIFORMES）>鹭科（Ardeidae）>夜鹭属（*Nyetiorax*）

本地分布：力所乡　勐卡镇　勐梭镇　翁嘎科镇　新厂镇　岳宋乡　中课镇

遇见月份：1　2　3　4　5　6　7　8　9　10　11　12

形态特征：体长47.5～58.5cm，体重450～750g。头顶、额、枕、羽冠、后颈、肩和背绿黑色而具金属光泽；额基和眉纹白色；虹膜血红色；喙黑色，眼先裸露部分黄绿色；胫裸出部、跗跖和趾角黄色；头枕部着生有2～3条长带状白色饰羽；腰、两翅和尾羽灰色；圆尾，尾羽12枚；颏、喉白色，颊、颈侧、胸和两胁淡灰色，腹白色。幼鸟上体暗褐色，缀有淡棕色羽干纹和白色或棕白色星状端斑；下体白色而满缀以暗褐色细纵纹，尾下覆羽棕白色。幼鸟喙先端黑色，基部黄绿色。

生活习性：栖息于临近水域的阔叶树林中、平原、丘陵地带的农田、沼泽、池塘附近的大树、竹林，白天常隐蔽在沼泽、灌丛或林间，晨昏和夜间活动。白天在树上或灌木丛上休息。

食性：主要以鱼、蛙、虾、水生昆虫等动物性食物为食。

繁殖：通常为集群繁殖，在树冠顶部筑巢，有些在地面较为安全的地方（比如岛上或者沼泽）成群筑巢。窝卵数为3～8枚。

国内分布：常见于各地。

绿鹭 *Butorides striata*

鹈形目（PELECANIFORMES）>鹭科（Ardeidae）>绿鹭属（*Butorides*）

本地分布： 力所乡 勐卡镇 勐梭镇 翁嘎科镇 新厂镇 岳宋乡 中课镇

遇见月份： 1 2 3 4 5 6 7 8 9 10 11 12

形态特征：体长30～47cm，体重200～266g。顶冠及松软的长冠羽闪绿黑色光泽；一道黑色线从喙基部过眼下及脸颊延至枕后；眼先裸露皮肤黄绿色；两翼及尾青蓝色并具绿色光泽，羽缘皮黄色；腹部粉灰色；颏白色。

生活习性：栖息于海拔600～2200m的山区沟谷、河流、湖泊、水库林缘与灌木草丛中。白天休息，夜间外出寻食，结小群营巢。

食性：主要以鱼为食，也吃蛙、蟹、虾、水生昆虫和软体动物。

繁殖：繁殖期4—9月。营巢于在距主干较近的枝权上，由杨、柳、榆的干枝构成。每窝产卵3～5枚。孵化期21～24d，育雏期10d左右，育雏由雌雄亲鸟共同承担。育雏时，亲鸟站在巢缘用喙将食物送入幼鸟喙中。

国内分布：分布于东北、华南及华中及台湾、海南。

池鹭 *Ardeola bacchus*

鹈形目（PELECANIFORMES）>鹭科（Ardeidae）>池鹭属（*Ardeola*）

本地分布：力所乡 勐卡镇 勐梭镇 翁嘎科镇 新厂镇 岳宋乡 中课镇

遇见月份：1 2 3 4 5 6 7 8 9 10 11 12

形态特征：体长38～50cm，体重172～260g。翼白色、身体具褐色纵纹的鹭。雌雄鸟同色，雌鸟体形略小。繁殖羽：头及颈深栗色，胸紫酱色。冬羽以及亚成鸟：站立时，具褐色纵纹；飞行时，体白色而背部深褐色。

生活习性：通常栖息于海拔500～1400m的稻田、池塘、湖泊、水库和湿地等水域，有时也见于水域附近的竹林和树上。常单独或成小群活动，有时也集成多达数十只的大群在一起，性不甚畏人。

食性：主食小鱼、蟹、虾、蛙、小蛇和昆虫，偶尔也吃少量植物性食物。

繁殖：繁殖期3—7月，营巢于水域附近高大树木的树梢上或竹林上，每窝产卵2～5枚，多为3枚。产卵期为6～9d，孵卵期20～23d，育雏期30～31d，雌雄共孵。

国内分布：分布于华南、华中及华北地区，以及西藏南部、东北低洼地区、台湾。

牛背鹭 *Bubulcus coromandus*

鹈形目（PELECANIFORMES）>鹭科（Ardeidae）>牛背鹭属（*Bubulcus*）

本地分布： 力所乡 勐卡镇 勐梭镇 翁嘎科镇 新厂镇 岳宋乡 中课镇

遇见月份： 1 2 3 4 5 6 7 8 9 10 11 12

　　形态特征： 体长48～53cm，体重300～400g。雌雄同色。喙厚，颈粗短，冬羽近全白，脚沾黄绿。繁殖期（夏羽）：头、颈、背等变浅黄色，喙及脚沾红色。非繁殖羽（冬羽）：几全白色，仅部分鸟额部沾橙黄色。幼鸟：全身白色。

　　生活习性： 栖息于平原草地、牧场、湖泊、水库、山脚平原和低山水田、池塘、旱田和沼泽地上。常成对或成3～5只的小群活动，有时也单独活动或集成数十只的大群。休息时喜欢站在树梢上，颈缩成"s"形，常伴随牛活动，喜欢站在牛背上或跟随在耕田的牛后面啄食翻耕出来的昆虫和牛背上的寄生虫。性活跃而温驯，不甚怕人，活动时寂静无声。

　　食性： 主要以蝗虫、蚂蚱、蜚蠊、蟋蟀、蝼蛄、螽斯、牛蝇、金龟子、地老虎等昆虫为食，也食蜘蛛、黄鳝、蚂蟥和蛙等其他动物。

　　繁殖： 繁殖期4—7月，常营群巢，也常与白鹭和夜鹭在一起营巢。巢由枯枝构成，内垫有少许干草。每窝产卵4～9枚，多为5～7枚。孵化期21～24d，育雏期35～39d。雌雄亲鸟轮流孵卵。

　　国内分布： 分布于华中、华南包括海南及台湾的低洼地区，偶尔出现北京。

大白鹭 *Ardea alba*

鹈形目（PELECANIFORMES）>鹭科（Ardeidae）>鹭属（*Ardea*）

本地分布： 力所乡 勐卡镇 勐梭镇 翁嘎科镇 新厂镇 岳宋乡 中课镇

遇见月份： 1 2 3 4 5 6 7 8 9 10 11 12

形态特征：体长95～110cm，体重897.5～1560g。喙较厚重，颈部具特别的扭结，喙裂直达眼后。繁殖羽：脸颊裸露皮肤蓝绿色，喙黑，腿部裸露皮肤红色，脚黑，肩背部着生有3列长而直且羽枝呈分散状的蓑羽。非繁殖羽：脸颊裸露皮肤黄色，喙黄色而喙端常为深色，脚及腿黑色。

生活习性：栖息于海拔600～1800m的开阔平原和山地丘陵地区的河流、湖泊、水田、海滨、河口及其沼泽地带。一般单独或成小群在湿润或漫水的地带活动。站姿甚高直，从上方往下刺戳猎物。飞行优雅，振翅缓慢有力。

食性：主要以直翅目、鞘翅目、双翅目昆虫和甲壳类、软体动物、水生昆虫以及小鱼、蛙、蝌蚪和蜥蜴等动物性食物为食。

繁殖：繁殖期4—7月。营巢于高大的树上或芦苇丛中，多集群营群巢，有时一棵树上同时有数对到数十对营巢，巢较简陋，通常由枯枝和干草构成，有时巢内垫有少许柔软的草叶。每窝产卵3～6枚，多为4枚。孵化期25～26d，育雏期为30d。由雌雄亲鸟共同承担孵卵。

国内分布：分布于河北、吉林、福建、云南东南部及华中、华南包括台湾。

白鹭 *Egretta garzetta*

鹈形目（PELECANIFORMES）>鹭科（Ardeidae）>白鹭属（*Egretta*）

本地分布： 力所乡 勐卡镇 勐梭镇 翁嘎科镇 新厂镇 岳宋乡 中课镇

遇见月份： 1 2 3 4 5 6 7 8 9 10 11 12

　　形态特征：体长51.6～68.4cm，体重350～1100g。体态纤瘦，乳白色；夏羽的成鸟繁殖时枕部着生两条狭长而软的矛状羽，状若双辫；肩和胸着生蓑羽，冬羽时蓑羽常全部脱落；虹膜黄色；脸的裸露部分黄绿色；喙黑色，喙裂处及下嘴基部淡角黄色；胫与脚部黑色，趾呈角黄绿色。

　　生活习性：栖息于海拔300～2400m的湖泊、水塘、岛屿、海岸、海湾、河口。单独、成对或成小群活动的情况都能见到，偶尔也有数十只在一起的大群。

　　食性：主要以鱼类为主，好食小鱼、蛙、虾及昆虫等，有时也吃少量谷物等其他植物性食物。

　　繁殖：繁殖期3—7月。营巢于近水边的树杈之间。每窝产卵2～4枚。孵化期23～25d，亲鸟育雏28～35d。雌鸟留守营巢，由双亲共同孵化哺育。

　　国内分布：主要分布于长江流域及长江以南的地区，特别是四川、云南、广东、台湾和海南分布较为广泛。

黑翅鸢 *Elanus caeruleus*

鹰形目（ACCIPITRIFORMES）>鹰科（Accipitridae）>黑翅鸢属（*Elanus*）

二级

本地分布： 力所乡 勐卡镇 勐梭镇 翁嘎科镇 新厂镇 岳宋乡 中课镇

遇见月份： 1 2 3 4 5 6 7 8 9 10 11 12

　　形态特征：体长31～34.5cm，体重150～235g。前额灰白色，眼先须羽和眼上的狭窄眉纹黑色；头顶、后颈、背部、尾上覆羽和中央尾羽表面，初级覆羽，大覆羽和次级飞羽概为烟灰色；初级飞羽呈烟灰色，尖端缀灰褐色；翅上小覆羽亮黑色，形成明显的翅上黑斑；颊、颔、喉和胸腹部、腋羽、翅下覆羽和覆腿羽、尾下覆羽均白色，胸部两侧微沾灰色；外侧尾羽灰白色。两性相似。

　　生活习性：主要栖息于海拔4000m以下的有乔木和灌木的开阔原野、农田、疏林和草原地区。

　　食性：主要以田间鼠类、昆虫、小鸟和两栖爬行类为食。

　　繁殖：繁殖期2—8月。通常营巢于开阔地带的平原或山地丘陵地区，位于离地面3～20m的树枝上或高的灌木上。窝卵数为3～5枚。孵化期25～28d，雌雄亲鸟轮流孵卵和育雏。

　　国内分布：主要分布于南方大部分地区，如云南、河北、广东、浙江等地。

凤头蜂鹰 *Pernis ptilorhynchus*

鹰形目（ACCIPITRIFORMES）>鹰科（Accipitridae）>蜂鹰属（*Pernis*）

二级

本地分布： 力所乡 勐卡镇 勐梭镇 翁嘎科镇 新厂镇 岳宋乡 中课镇

遇见月份： 1 2 3 4 5 6 7 8 9 10 11 12

　　形态特征：体长58～63cm，体重850～1700g。上体由白至赤褐至深褐色，下体满布点斑及横纹，尾具不规则横纹。所有型均具对比性浅色喉块，缘以浓密的黑色纵纹，并常具黑色中线。飞行时，特征为头相对小而颈显长，两翼及尾均狭长。

　　生活习性：栖息于海拔600～2400m的森林地带，多见单个在林缘活动。飞行具特色，振翼几次后便作长时间滑翔，两翼平伸翱翔高空。有偷袭蜜蜂及黄蜂巢的怪习。

　　食性：主食为蜂蜜、蜂蛹，也捕食小型鼠类和小型爬行类及昆虫等。

　　繁殖：繁殖期5—6月。营巢于高大的乔木上。每窝2～3枚。孵卵期32d左右，育雏期为40～45d。雌雄轮流孵卵。

　　国内分布：分布于大部分地区。

蛇雕 *Spilornis cheela*

鹰形目（ACCIPITRIFORMES）>鹰科（Accipitridae）>蛇雕属（*Spilornis*）

二级

本地分布： 力所乡 勐卡镇 勐梭镇 翁嘎科镇 新厂镇 岳宋乡 中课镇

遇见月份： 1 2 3 4 5 6 7 8 9 10 11 12

形态特征：体长55～73cm，体重1150～1700g。上体暗褐色或灰褐色，具窄的白色羽缘；下体褐色，腹部、两胁及臀具白色点斑；尾部黑色横斑间以灰白色的宽横斑；黑白两色的冠羽短宽而蓬松；眼及喙间的裸露部分为黄色；飞行时，尾部具宽阔的白色横斑及白色的翼后缘。亚成鸟似成鸟但褐色较浓，体羽多白色。

生活习性：栖息和活动于山地森林及其林缘开阔地带，单独或成对活动。常在高空翱翔和盘旋，停飞时多栖息于较开阔地区的枯树顶端枝杈上。求偶期成对做懒散的"体操表演"。常栖于森林中有阴凉的大树枝上监视地面。叫声凄凉。

食性：主要以各种蛇类为食，也吃蜥蜴、蛙、鼠类、鸟类和甲壳类动物。

繁殖：繁殖期4—6月。营巢于森林中高树顶端枝杈上。巢由枯枝构成，形状为盘状。每窝产卵1枚。卵白色，微具淡红色的斑点。孵化期35d，育雏期60d左右。由雌鸟孵卵。

国内分布：分布于西藏东南部、云南西部及长江以南各地如海南、台湾。

鹰雕 *Nisaetus nipalensis*

鹰形目（ACCIPITRIFORMES）>鹰科（Accipitridae）>鹰雕属（*Nisaetus*）

本地分布： 力所乡 勐卡镇 勐梭镇 翁嘎科镇 新厂镇 岳宋乡 中课镇

遇见月份： 1 2 3 4 5 6 7 8 9 10 11 12

二级

形态特征：体长64～84cm，体重1950～2500g。有深色型及浅色型。深色型：上体褐色，具黑色及白色纵纹及杂斑；尾红褐色，具几道黑色横斑；颏、喉及胸白色，具黑色的喉中线及纵纹；下腹部、大腿及尾下棕色，具白色横斑。浅色型：上体灰褐色，下体偏白色，具近黑色贯眼纹及髭纹。

生活习性：在繁殖季节大多栖息于不同海拔高度的山地森林地带，最高可达海拔4000m以上。常在阔叶林和混交林中活动，也出现在浓密的针叶林中。冬季多下到低山丘陵和山脚平原地区的阔叶林和林缘地带活动。经常单独活动，飞行时两翅平伸，煽动较慢，有时也在高空盘旋，常站立在密林中枯死的乔木上。叫声十分喧闹。

食性：主要以野兔、野鸡和鼠类等为食，也捕食小鸟和大型昆虫，偶尔还捕食鱼类。

繁殖：繁殖期1—6月。营巢于山林高大乔木上，每窝产卵2枚，也有少至1枚和多至3枚的。孵化期28～60d，育雏期24～148d。孵化由雌鸟承担，护巢性很强。

国内分布：广泛分布于南方地区，包括台湾和海南，少量分布于东北地区。

凤头鹰 *Accipiter trivirgatus*

鹰形目（ACCIPITRIFORMES）>鹰科（Accipitridae）>鹰属（*Accipiter*）

二级

本地分布：力所乡　勐卡镇　勐梭镇　翁嘎科镇　新厂镇　岳宋乡　中课镇

遇见月份：1 2 3 4 5 6 7 8 9 10 11 12

　　形态特征：体长30～46cm，体重224～450g。头部具有羽冠。成年雄鸟上体灰褐色；两翼及尾具横斑；下体棕色；胸部具白色纵纹；腹部及大腿白色，具近黑色粗横斑；颈白色，有近黑色纵纹至喉，具两道黑色髭纹。幼鸟上体暗褐色，具茶黄色羽缘；后颈茶黄色，微具黑色斑；头具宽的茶黄色羽缘；下体皮黄白色或淡棕色或白色；喉具黑色中央纵纹；胸、腹具黑色纵纹或纵行黑色斑点。

　　生活习性：通常栖息在海拔2000m以下的山地森林和山脚林缘地带，也出现在竹林和小面积丛林地带，偶尔也到山脚平原和村庄附近活动。善于藏匿，性机警，常躲藏在树叶丛中，有时也栖息于空旷处孤立的树枝上。领域性很强，大多单独活动。

　　食性：主要以蛙、蜥蜴、鼠类、昆虫等动物性食物为食，也吃鸟和小型哺乳动物。

　　繁殖：繁殖期4—7月。营巢于针叶林或阔叶林中高大的树上，巢距地高6～30m。每窝通常产卵2～3枚。孵化期约为38d，育雏期约为35d。雌雄共同孵卵。

　　国内分布：分布于中南及西南地区包括海南及台湾。

松雀鹰 *Accipiter virgatus*

鹰形目（ACCIPITRIFORMES）>鹰科（Accipitridae）>鹰属（*Accipiter*）

本地分布：力所乡 勐卡镇 勐梭镇 翁嘎科镇 新厂镇 岳宋乡 中课镇

遇见月份：1 2 3 4 5 6 7 8 9 10 11 12

二级

形态特征：体长27.6～35cm，体重120～270.5g。似凤头鹰，但体形较小并缺少冠羽。成年雄鸟：上体深灰色；尾具粗横斑；下体白色；两胁棕色，具褐色横斑；喉白色，具黑色喉中线，有黑色髭纹。雌鸟及亚成鸟：雌鸟两胁棕色少，下体多具红褐色横斑，背褐色，尾褐色而具深色横纹；亚成鸟胸部具纵纹。

生活习性：通常栖息于海拔2800m以下的山地针叶林、阔叶林和混交林中，冬季会到海拔较低的山区活动。性机警，人很难接近，常单独生活。

食性：主食为鼠类、小鸟、昆虫等动物。

繁殖：繁殖期4—6月，营巢于繁密森林中枝叶茂盛的高大树木上部，巢所处位置较高，且有枝叶隐蔽，一般难于发现。每窝可产卵4～5枚。孵化期约1个月，育雏期41～47d，由雌鸟单独孵卵。

国内分布：广泛分布于华中、华东、华南地区，华北地区有少量分布。

黑鸢 *Milvus migrans*

鹰形目（ACCIPITRIFORMES）>鹰科（Accipitridae）>鸢属（*Milvus*）

二级

本地分布： 力所乡 勐卡镇 勐梭镇 翁嘎科镇 新厂镇 岳宋乡 中课镇

遇见月份： 1 2 3 4 5 6 7 8 9 10 11 12

　　形态特征：体长54～66cm，体重900～1160g。浅叉型尾为本种识别特征，飞行时尾张开可成平尾。飞行时，初级飞羽基部浅色斑与近黑色的翼尖成对照。头有时比背色浅。与黑耳鸢区别在于前额及脸颊棕色，体略小。亚成鸟头及下体具皮黄色纵纹。

　　生活习性：栖息于海拔500～3600m的开阔平原、草地、荒原和低山丘陵地带，也常在城郊、村屯、田野、港湾、湖泊上空活动。

　　食性：主要以小鸟、鼠类、蛇、蛙、鱼、野兔、蜥蜴和昆虫等动物性食物为食，偶尔也吃家禽和腐尸。

　　繁殖：繁殖期4—7月。营巢于高大树上，巢距地高10m以上，也营巢于悬崖峭壁上。雌雄亲鸟共同营巢，通常雄鸟运送巢材，雌鸟留在巢上筑巢。每窝产卵2～3枚，偶尔有少至1枚和多至5枚的。孵化期38d，育雏期为42d，雌雄亲鸟轮流孵卵。

　　国内分布：广布于大部分地区。

灰脸鵟鹰 *Butastur indicus*

鹰形目（ACCIPITRIFORMES）>鹰科（Accipitridae）>鵟鹰属（*Butastur*）

二级

本地分布：力所乡　勐卡镇　勐梭镇　翁嘎科镇　新厂镇　岳宋乡　中课镇

遇见月份：1　2　3　4　5　6　7　8　9　10　11　12

形态特征：体长35～46cm，体重37～50g。颏及喉为明显白色，具黑色的顶纹及髭纹；头侧近黑；上体褐色，具近黑色的纵纹及横斑；胸褐色，具黑色细纹；下体余部具棕色横斑而有别于白眼鵟鹰；尾细长，平型；尾上覆羽白色，具暗褐色横斑；尾羽暗灰褐色，具黑褐色宽阔横斑。

生活习性：栖息于海拔600m左右的山区森林地带，见于山地林边或空旷田野。飞行轻快，动作敏捷。飞行时，两翅不断鼓动，有时作直线飞行，有时围绕着某一地点作圈状翱翔。通常贴近地面飞行或栖于窥伺猎物，也常徘徊于地上捕捉食物。通常分散活动觅食，但在迁徙期间，常结成小群，伴随追逐小型鸟类南迁。

食性：主食小型啮齿动物、小鸟、蛇类、蜥蜴、蛙类和各种大型昆虫。

繁殖：繁殖期5—7月。营巢于阔叶林或混交林中靠河岸的疏林地带或林中沼泽草甸和林缘地带的树上，也见于林缘地边的孤立树上营巢。每窝产3～4枚卵。孵化期大约30d，雌雄鸟共同孵卵。

国内分布：分布于东北、长江以南及青海、台湾。

普通鵟 *Buteo japonicus*

鹰形目（ACCIPITRIFORMES）>鹰科（Accipitridae）>鵟属（*Buteo*）

二级

本地分布：力所乡　勐卡镇　勐梭镇　翁嘎科镇　新厂镇　岳宋乡　中课镇

遇见月份：1　2　3　4　5　6　7　8　9　10　11　12

形态特征：体长42～59cm，体重570～1100g。体色变化比较大，通常上体主要为深红褐色；脸侧皮黄色，具近红色细纹，栗色的髭纹显著；下体偏白色，具棕色纵纹；两胁及大腿沾棕色；飞行时，两翼宽而圆，初级飞羽基部具特征性白色块斑；翼下为肉色，仅翼尖、翼角和飞羽的外缘为黑色（淡色型）或者全为黑褐色（暗包型）；尾近端处常具黑色横纹，尾羽呈扇形散开；翱翔时，两翼微向上举成浅"V"字形。

生活习性：性情机警，视觉敏锐，善于飞翔，每天大部分时间都在空中盘旋滑翔。繁殖期间主要栖息于山地森林和林缘地带，从海拔400m的山脚阔叶林到海拔2000m左右的混交林和针叶林地带均有分布，有时甚至出现在海拔2000m以上的山顶苔原地带上空。

食性：主要以各种鼠类为食，食量甚大，也吃蛙、蜥蜴、蛇、野兔、小鸟和大型昆虫等动物性食物，有时也到村庄附近捕食鸡、鸭等家禽。

繁殖：繁殖期5—7月。通常营巢于林缘或森林中高大的树上，尤其喜欢针叶树。5—6月产卵，每窝产卵2～3枚，偶尔也有多至6枚和少至1枚的。孵化期大约28d，育雏期40～45d，由亲鸟共同孵卵。

国内分布：分布于黑龙江、吉林、辽宁、西藏东南部、海南、台湾、四川及新疆西部天山和喀什地区。

黄嘴角鸮 *Otus spilocephalus*

鸮形目（STRIGIFORMES）>鸱鸮科（Strigidae）>角鸮属（Otus）

二级

本地分布： 力所乡 勐卡镇 勐梭镇 翁嘎科镇 新厂镇 岳宋乡 中课镇

遇见月份： 1 2 3 4 5 6 7 8 9 10 11 12

　　形态特征：体长18～20cm，体重60～68g。耳羽簇相当显著，颜色为棕褐色而具窄的黑色横斑；面盘亦为棕褐色，横斑黑色，下缘缀有白色；上体包括两翅和尾上覆羽大都棕褐色，缀以黑褐色虫蠹状细纹；后颈无领圈或领圈不明显；肩羽外翈白色，近尖端处黑色，并在肩部形成一道白色块斑；小翼羽暗棕褐色，外翈有4道浅黄色斑；初级飞羽暗棕褐色，内翈近基处有浅黄色斑，外翈为浅棕栗色，除第一枚有浅栗色横斑外，第二至第七枚有白色与栗色相间横斑；其余飞羽外翈栗色，内翈暗棕褐色；尾下覆羽暗棕栗色而有细小横斑；尾棕栗色，有6道近黑色横斑；下体灰棕褐色，有白色、浅黄白色、灰色和棕色等十分斑杂的虫蠹状细斑和暗色纵纹；腹中部近棕白色，到肛区为近白色，具灰褐色虫蠹斑。

　　生活习性：夜行性，主要在夜晚和黄昏活动，白天多躲藏在阴暗的树叶丛间或洞穴中。多单独或成对活动。

　　食性：主要以鼠类、蜥蜴、大型昆虫成虫和昆虫幼虫为食。

　　繁殖：繁殖期4—6月。通常营巢于天然树洞或啄木鸟废弃的洞中。每窝产卵3～4枚。

　　国内分布：分布于福建、台湾、广东、海南、广西和云南等地。

领鸺鹠 *Glaucidium brodiei*

鸮形目（STRIGIFORMES）＞鸱鸮科（Strigidae）＞鸺鹠属（*Glaucidium*）

本地分布： 力所乡 勐卡镇 勐梭镇 翁嘎科镇 新厂镇 岳宋乡 中课镇

遇见月份： 1 2 3 4 5 6 7 8 9 10 11 12

二级

形态特征：体长 132～175cm，体重 40～64g。上体浅褐色，具橙黄色横斑；头顶灰色，具白或皮黄色的小型"眼状斑"；喉白色，满具褐色横斑；胸及腹部皮黄色，具黑色横斑；大腿及臀白色具褐色纵纹；颈背有橘黄色和黑色的假眼。

生活习性：除繁殖期外都是单独活动。主要在白天活动，中午也能在阳光下自由地飞翔和觅食。飞行时，常急剧地拍打翅膀作鼓翼飞翔，然后再作一段滑翔，交替进行。休息时，多栖息于高大的乔木上，并常左右摆动尾羽。夜晚栖于高树，由凸显的栖木上出猎捕食。栖息于山地森林和林缘灌丛地带。在云南省分布于海拔 620～1250m 的区域。

食性：主要以昆虫和鼠类为食，也吃小鸟和其他小型动物。

繁殖：繁殖期 3—7 月，但多数在 4—5 月产卵。通常营巢于树洞和洞穴中，也利用啄木鸟的巢。每窝产卵 26～枚，多为 4 枚，孵化期 28～29d，育雏期 23～27d，孵化由雌鸟承担。

国内分布：分布于华中、华东、西南、华南、东南及西藏东南部、台湾。

斑头鸺鹠 *Glaucidium cuculoides*

鸮形目（STRIGIFORMES）>鸱鸮科（Strigidae）>鸺鹠属（*Glaucidium*）

二级

本地分布：力所乡 勐卡镇 勐梭镇 翁嘎科镇 新厂镇 岳宋乡 中课镇

遇见月份：1 2 3 4 5 6 7 8 9 10 11 12

形态特征： 体长24.1~26cm，体重150~260g。遍具棕褐色横斑，是我国分布的体形最大的鸺鹠类。无耳羽簇；上体棕栗色，具赭色横斑，沿肩部有一道白色线条将上体断开；下体几乎全褐色，具赭色横斑；臀片白色；两胁栗色；白色的颏纹明显，下线为褐色和皮黄色；尾羽上有6道鲜明的白色横纹，端部白色。

生活习性： 栖息于从平原、低山丘陵到海拔2000m左右的中山地带的阔叶林、混交林、次生林和林缘灌丛，也出现于村寨和农田附近的疏林和树上。大多单独或成对活动。大多在白天活动和觅食，能像鹰一样在空中捕捉小鸟和大型昆虫，也在晚上活动。生活在远离居民密集的市郊山林或村庄附近的树上。在云南省分布于海拔1000~2500m的区域。

食性： 主要以蝗虫、甲虫、螳螂、蝉、蟋蟀、蚂蚁、蜻蜓、毛虫

等各种昆虫为食，也吃鼠类、小鸟、蚯蚓、蛙和蜥蜴等动物。

繁殖： 繁殖期3—6月。通常营巢于树洞或天然洞穴中。每窝产卵3~5枚，多数为4枚，偶尔多至8~9枚和少至3枚。卵为白色。孵卵由雌鸟承担，孵化期28~29d。

国内分布： 分布于南方大部分地区，包括西藏东南部。

冠斑犀鸟 *Anthracoceros albirostris*

犀鸟目（BUCEROTIFORMES）>犀鸟科（Bucerotidae）>斑犀鸟属（*Anthracoceros*）

一级

本地分布：力所乡 勐卡镇 勐梭镇 翁嘎科镇 新厂镇 岳宋乡 中课镇

遇见月份：1 2 3 4 5 6 7 8 9 10 11 12

形态特征：体长 74～78cm，体重 529～1800g。喙上具有大的单峰盔突，颜色为蜡黄色或象牙白色；头部、颈部、背部、两翅和尾羽为黑色，具有绿色的金属光泽，尤其是翅膀上更为显著，翅膀的边缘为白色并杂有黑色；初级飞羽的基部为白色，在翅膀上形成显著的白色翅斑；外侧尾羽上具有宽阔的白色端斑；颏部、喉部、上胸部和腋羽为黑色，其余下体为白色。

生活习性：主要栖息于海拔 1500m 以下的低山和山脚常绿阔叶林中。除繁殖期外常成群活动。多在树上栖息和活动，有时也到地面上觅食。飞翔时头部和颈部向前伸直，两翅平展。

食性：主要以榕树等植物的果实和种子为食，也吃蜗牛、蠕虫、昆虫、鼠类和蛇等。

繁殖：繁殖期 4—6 月。营巢于悬崖绝壁上的石洞、石缝或者树洞的底部，有的巢可以连续几年被使用。每窝产卵 2～3 枚。孵化期 40～50d，育雏期 90d 左右，由雌鸟在洞口封闭的巢中孵卵。

国内分布：分布于西藏东南部、云南南部及广西南部。

戴胜 *Upupa epops*

犀鸟目（BUCEROTIFORMES）>戴胜科（Upupidae）>戴胜属（*Upupa*）

本地分布：力所乡　勐卡镇　勐梭镇　翁嘎科镇　新厂镇　岳宋乡　中课镇

遇见月份：1　2　3　4　5　6　7　8　9　10　11　12

　　形态特征：体长27.3～32.5cm，体重43～90g。雌雄外形相似。具长而尖黑的耸立的粉棕色丝状冠羽；冠羽顶端有黑斑，冠羽平时褶叠倒伏不显，直竖时像一把打开的折扇，随同鸣叫时起时伏；头、上背、肩及下体粉棕色；两翼及尾具黑白相间的条纹。

　　生活习性：大多单独或成对活动，很少聚集成群。性活泼，喜开阔潮湿地面。平时都在地面寻食，用弯长的喙插进土里翻掘出昆虫、蚯蚓、螺类等进行啄食。一旦受惊，立即飞向附近的高处。性情较为驯善，不太怕人。栖息在开阔的田园、园林、郊野的树干上，有时也长时间伫立在农舍房顶或墙头。在云南省分布于海拔350～2750m的区域。

　　食性：主食金针虫、蝼蛄、行军虫、步行虫和天牛幼虫等害虫。

　　繁殖：繁殖期5—6月。营巢于林缘或林中道路两边的洞中或啄木鸟的弃洞中。每窝产卵5～9枚。孵化期15～17d，育雏期26～29d，由雌雄鸟共同孵卵。

　　国内分布：广泛分布于各地。

绿喉蜂虎 *Merops orientalis*

佛法僧目（CORACIIFORMES）>蜂虎科（Meropidae）>蜂虎属（*Merops*）

二级

本地分布： 力所乡　勐卡镇　勐梭镇　翁嘎科镇　新厂镇　岳宋乡　中课镇

遇见月份： 1　2　3　4　5　6　7　8　9　10　11　12

　　形态特征：体长22.6～29.7cm，体重18.8～25g。两性相似。成鸟前额、头顶至上背辉棕黄色，渲染绿色；眼先、眼下及耳羽黑色，形成贯眼纹；下背至尾上覆羽、翼上覆羽、三级飞羽草绿色，内侧飞羽端部渲染蓝色；颊和颏蓝绿色；喉至腹部草绿色，喉侧蓝色，具一条黑色胸带；下腹至尾下覆羽淡蓝色；胁、腋羽及翼下覆羽棕黄色。

　　生活习性：大多在空中飞翔捕食。休息时，多栖于树枝和电话线上，活动范围从平原、低山一直到海拔2000m左右的中山地带。主要栖息于林缘疏林、竹林、稀树草坡等开阔地区，也出现于城镇公园和果园，常单独或成小群活动。

　　食性：主要以昆虫为食，特别是膜翅目等飞行性昆虫，偶尔也吃蝗虫、蚱蜢等。

　　繁殖：繁殖期4—7月。通常营巢于林缘路旁岩坡上或河谷岸边上崖上，掘洞为巢。每窝产卵4～7枚。孵化期14～16d，育雏期为20d左右，雄鸟和雌鸟轮流负担营巢、孵卵和育雏任务。

　　国内分布：分布于云南西部、南部和四川南部。

栗头蜂虎 *Merops leschenaulti*

佛法僧目（CORACIIFORMES）>蜂虎科（Meropidae）>蜂虎属（*Merops*）

二级

本地分布： 力所乡 勐卡镇 勐梭镇 翁嘎科镇 新厂镇 岳宋乡 中课镇

遇见月份： 1 2 3 4 5 6 7 8 9 10 11 12

　　形态特征：体长25.7～32cm，体重33～39g。额、头顶、后颈、上背深栗色；耳羽黑褐色，形成贯眼纹；下背、肩、翅上覆羽及三级飞羽草绿色；尾羽蓝色，中央尾羽特别延长。

　　生活习性：主要栖息于林缘、稀树草坡等开阔地方，以及山脚和开阔平原地区有树木生长的悬岩、陡坡及河谷地带；冬季有时也出现在平原丛林、灌木林，甚至芦苇沼泽地区。

　　食性：主要以昆虫为食。

　　繁殖：繁殖期5—7月。每窝产卵5～6枚。孵化期大约为20d。

　　国内分布：主要分布于云南、广西、广东、海南、湖南、江西、福建和河南等。

三宝鸟 *Eurystomus orientalis*

佛法僧目（CORACIIFORMES）>佛法僧科（Coraciidae）>三宝鸟属（*Eurystomus*）

本地分布： 力所乡 勐卡镇 勐梭镇 翁嘎科镇 新厂镇 岳宋乡 中课镇

遇见月份： 1 2 3 4 5 6 7 8 9 10 11 12

形态特征：体长22～28.5cm，体重140～150g。具宽阔的红色喙（亚成鸟喙为黑色）；整体色彩为暗蓝灰色，但喉为亮丽蓝色；飞行时，两翼中心有对称的亮蓝色圆圈状斑块。

生活习性：常单独或成对栖息于山地或平原林中，也喜欢在林区边缘空旷处或林区里的开垦地上活动。早、晚活动频繁。天气较热时，常栖息在密林中的乔木上，或在较开阔处的大树梢处。偶尔起飞追捕过往昆虫，或向下俯冲捕捉地面昆虫。

食性：主食为绿色金龟子等甲虫，也吃蝗虫、天牛、叩头虫等。

繁殖：繁殖期3—5月，一般不筑巢，把卵产在天然洞穴中。每窝产卵3～4枚。孵化期18～25d，育雏期为49d左右，雌雄轮流孵卵。

国内分布：分布于东部沿海，西至甘肃、四川、西藏、云南、广西等地。

白胸翡翠 *Halcyon smyrnensis*

佛法僧目（CORACIIFORMES）>翠鸟科（Alcedinidae）>翡翠属（*Halcyon*）

二级

本地分布： 力所乡 勐卡镇 勐梭镇 翁嘎科镇 新厂镇 岳宋乡 中课镇

遇见月份： 1 2 3 4 5 6 7 8 9 10 11 12

　　形态特征：体长 26.5～29.5cm，体重 76～88g。喙粗长似凿，基部较宽，喙峰直，峰脊圆；两侧无鼻沟；颏、喉、胸部中央纯白色；头的余部、后颈、颈侧以及下体余部均深赤栗色，两胁色稍淡；上背、肩及三级飞羽蓝绿色；下背、腰及尾上覆羽均辉翠绿色。

　　生活习性：在平原和海拔 1500m 的地区均有分布。性活泼而喧闹，捕食于旷野、河流、池塘及海边。

　　食性：主要食物是无脊椎动物，如蟋蟀、蜘蛛、蝎子和蜗牛，偶尔也吃小型脊椎动物，如小鱼、小蛇和蜥蜴。

　　繁殖：繁殖期 3—6 月，直接产卵在巢穴地上。每窝产卵 4～8 枚，多为 5～7 枚。卵白色，为圆形或卵圆形。育雏期为 20～25d，孵化期 18～20d，雌雄鸟轮流孵化和喂养雏鸟。

　　国内分布：在长江以南普遍存在。

普通翠鸟 *Alcedo atthis*

佛法僧目（CORACIIFORMES）>翠鸟科（Alcedinidae）>翠鸟属（*Alcedo*）

本地分布： 力所乡 勐卡镇 勐梭镇 翁嘎科镇 新厂镇 岳宋乡 中课镇

遇见月份： 1 2 3 4 5 6 7 8 9 10 11 12

形态特征：体长16～18cm，体重20～45g。成鸟上体浅蓝绿色，颈侧有白斑，额白色，下体橙棕色。幼鸟色暗淡而多绿色，具深色胸带，下腹部污白色。雌雄鸟喙的颜色不一样，雄鸟喙全黑色，雌鸟上喙黑色而下喙橘黄色。

生活习性：常见于除海拔3000m以上的高原地区，常出没于淡水湖泊、溪流、运河、鱼塘、稻田等各种水域周围，也见于滨海红树林中。常栖于岩石或探出的枝头上。

食性：主要食物是小鱼，也吃水生无脊椎动物，如蜻蜓幼虫、水生甲虫、淡水虾等。

繁殖：繁殖期5—8月，通常营巢于水域岸边或附近陡直的土岩或砂岩壁上，掘洞为巢。每窝产卵5～7枚。孵化期19～21d，育雏期22d，雌雄亲鸟轮流孵卵。

国内分布：除我国西部一些较干旱地区外，几乎遍布全国。

大拟啄木鸟 *Psilopogon virens*

啄木鸟目（PICIFORMES）>拟啄木鸟科（Megalaimidae）>拟啄木鸟属（*Psilopogon*）

本地分布：力所乡 勐卡镇 勐梭镇 翁嘎科镇 新厂镇 岳宋乡 中课镇

遇见月份：1 2 3 4 5 6 7 8 9 10 11 12

　　形态特征：体长32~35cm，体重164~295g。头大而呈墨蓝色，上背至胸前为橄榄褐色，上体余部和尾羽绿色，翼覆羽有时略染蓝色，下体略黄色而带深绿色纵纹，尾下覆羽亮红色。

　　生活习性：栖息于海拔1500m以下的低、中山常绿阔叶林内，也见于针阔混交林中。常单独或成对活动，在食物丰富的地方有时也成小群。

　　食性：主要食物为马桑、五加科植物以及其他植物的花、果实和种子，此外也吃各种昆虫。

　　繁殖：繁殖期4—8月，多独自在树干上凿洞为巢，有时也利用天然树洞。每窝产卵2~5枚，多为3~4枚。孵化期10~12d，育雏期20~30d，雌雄轮流孵卵。

　　国内分布：主要分布于云南、贵州、四川、安徽、浙江、广东以及西藏南部。

金喉拟啄木鸟 *Psilopogon franklinii*

啄木鸟目（PICIFORMES）>拟啄木鸟科（Megalaimidae）>拟啄木鸟属（*Psilopogon*）

本地分布：力所乡 勐卡镇 勐梭镇 翁嘎科镇 新厂镇 岳宋乡 中课镇

遇见月份：1 2 3 4 5 6 7 8 9 10 11 12

形态特征：体长20.5～23.5cm，体重50～100g。头顶色型为红黄红色，具宽的黑色贯眼纹；眼先、头顶和枕的两边黑色；眉纹灰色或黑色，颏及上喉黄色而下喉浅灰色；背、肩、翅内侧、腰和尾草绿色，有时缀有黄色；翅表面可见部分绿色，翅上小覆羽和外侧覆羽羽缘深蓝色或紫蓝色。

生活习性：栖息于海拔500～2500m的常绿阔叶林中。多单独活动。

食性：主要以植物果实、种子和花等植物性食物为食，有时也吃昆虫。

繁殖：繁殖期4—8月。营巢于常绿阔叶林中，尤其是林中沟谷和溪流两岸地带。独自在腐朽的枯树干上啄洞为巢，巢洞内无任何内垫物。每窝产卵2～5枚，通常3～4枚。孵化期14～16d，育雏期22～24d，雌雄轮流孵卵。

国内分布：分布于云南西部、南部、东南部和广西西南部。

蓝喉拟啄木鸟 *Psilopogon asiaticus*

啄木鸟目（PICIFORMES）>拟啄木鸟科（Megalaimidae）>拟啄木鸟属（*Psilopogon*）

本地分布：力所乡 勐卡镇 勐梭镇 翁嘎科镇 新厂镇 岳宋乡 中课镇

遇见月份：1 2 3 4 5 6 7 8 9 10 11 12

　　形态特征：体长22～23cm，体重61～103g。额朱红色，其后为金黄色，具一蓝色或黑色横带位于头顶；枕朱红色，头顶前部、下喙基部也为朱红色；下喉两侧各具一朱红色点斑；头顶红色两边各有一条黑色纵纹；眉纹、头侧、颊和喉亮铜蓝色；上体草绿色，后颈较鲜亮；背、肩沾橄榄黄色；两翅黑褐色，但翅表面亦草绿色且较背深暗；外侧覆羽沾蓝色；初级飞羽黑色，除第一枚和第二枚初级飞羽外，其余初级飞羽外翈基部蓝绿色，端部淡黄色；尾羽深草绿色；胸、腹等下体淡黄绿色，微缀铜蓝色。

　　生活习性：主要栖息于海拔2000m以下的中低山地、丘陵、沟谷和山脚平原地带的常绿阔叶林中。常单独或成对活动。

　　食性：主要以植物果实、种子和花等植物性食物为食，也吃少量昆虫和其他动物性食物。

　　繁殖：繁殖期4—6月。通常营巢于茂密的森林中树上，有时也在有稀疏乔木的林缘和农田地边树上营巢。每窝产卵3～4枚，有时多至5枚。孵化期为20d左右，育雏期为24d左右，雌雄轮流孵卵。

　　国内分布：常见于西藏东南部及云南西南部、南部至东南部。

斑姬啄木鸟 *Picumnus innominatus*

啄木鸟目（PICIFORMES）>啄木鸟科（Picidae）>姬啄木鸟属（*Picumnus*）

本地分布： 力所乡 勐卡镇 勐梭镇 翁嘎科镇 新厂镇 岳宋乡 中课镇

遇见月份： 1 2 3 4 5 6 7 8 9 10 11 12

形态特征：体长9～10.5cm，体重9～13.2g。头顶橄榄褐色，渐变至上体的橄榄绿色，下体色浅并有排列有序的黑点斑，黑色贯眼纹和白色眉纹、髭纹形成脸部鲜明图案，尾中央白色而两侧黑色。

生活习性：主要栖息于海拔2000m以下的低山丘陵和山脚平原常绿或落叶阔叶林、针阔混交林和针叶林地带。常单独活动，多在地上或树枝上觅食。

食性：主要以蚂蚁、甲虫等昆虫为食。

繁殖：繁殖期4—7月。营巢于树洞中，每窝产卵3～4枚。孵化期16d左右，育雏期22d左右，雌雄轮流孵卵。

国内分布：分布于华中、华东、华南、东南的大部地区，以及西藏东南部和云南西部、南部。

白眉棕啄木鸟 *Sasia ochracea*

啄木鸟目（PICIFORMES）>啄木鸟科（Picidae）>棕啄木鸟属（*Sasia*）

本地分布：力所乡 勐卡镇 勐梭镇 翁嘎科镇 新厂镇 岳宋乡 中课镇

遇见月份： 1 2 3 4 5 6 7 8 9 10 11 12

形态特征：体长9～10cm，体重8.3～11.8g。头、枕部、背部及翅均为橄榄绿色，眉纹白色长而明显，脸、颏、喉、胸及腹部均为棕色，雄鸟前额黄色，雌鸟前额棕色。

生活习性：主要栖息于海拔2000m以下的低山和山脚平原阔叶林、竹林、林缘疏林、灌丛及河滩芦苇丛中。常单独活动。

食性：主要以蚂蚁等昆虫为食，也吃蠕虫等其他小型动物。

繁殖：繁殖期4—6月。营巢于树洞中，每窝产卵3～4枚。孵化期13～16d，育雏期20～22d。雌雄轮流孵卵。

国内分布：分布于西藏东南部，云南西部、西南部和东南部，以及广西和贵州南部。

星头啄木鸟 *Dendrocopos canicapillus*

啄木鸟目（PICIFORMES）>啄木鸟科（Picidae）>啄木鸟属（*Dendrocopos*）

本地分布：力所乡 勐卡镇 勐梭镇 翁嘎科镇 新厂镇 岳宋乡 中课镇

遇见月份：1 2 3 4 5 6 7 8 9 10 11 12

形态特征：体长14～16cm，体重20～32g。额至头顶灰色或灰褐色，具一宽阔的白色眉纹自眼后延伸至颈侧。雄鸟在枕部两侧各有一深红色斑，上体黑色，下背至腰和两翅呈黑白斑杂状，下体具粗著的黑色纵纹。雌鸟和雄鸟相似，但枕侧无红色。

生活习性：可栖息于低地至海拔2000m以上的各种林区及园林。常单独或成对活动，有时混入其他鸟群。

食性：主要以天牛、小蠹、蚂蚁等昆虫为食，偶尔也吃植物果实和种子。

繁殖：繁殖期4—6月。营巢于心材腐朽的树干上，由雌雄亲鸟共同啄巢洞。洞口呈圆形，洞内无内垫物。每窝产卵4～5枚。孵化期12～13d，雌雄亲鸟轮流孵卵。雏鸟晚成性。

国内分布：从东北至西南都有分布。

大斑啄木鸟 *Dendrocopos major*

啄木鸟目（PICIFORMES）>啄木鸟科（Picidae）>啄木鸟属（*Dendrocopos*）

本地分布：力所乡 勐卡镇 勐梭镇 翁嘎科镇 新厂镇 岳宋乡 中课镇

遇见月份： 1 2 3 4 5 6 7 8 9 10 11 12

形态特征：体长20～24cm，体重70～98g。上体黑色，额、颊和耳羽白色，肩和翅上有一块大的白斑；尾黑色，外侧尾羽和飞羽有黑白相间横斑；下体白色、浅黄色、浅粉色不等，无斑；尾下覆羽鲜红色；雄鸟枕部红色，雌性枕部为黑色。

生活习性：栖息于山地和平原针叶林、针阔混交林和阔叶林中，尤以混交林和阔叶林较多，也出现于林缘次生林和农田地边疏林及灌丛地带。

食性：主要以各种昆虫为食，也吃蜗牛、蜘蛛等其他小型无脊椎动物，偶尔也吃橡子、松子、稠李和草籽等植物性食物。

繁殖：繁殖期5—7月。营巢于树洞中，巢洞多选择在心材已腐朽的阔叶树树干上，有时也在粗的侧枝上营巢，由雌雄鸟共同啄凿而成。每巢产卵4～5枚。孵化期13～16d，育雏期20～23d，雌雄轮流孵卵。

国内分布：见于从东北、华北、西北地区东部，遍及西南、华中、华东、华南包括海南。

大黄冠啄木鸟 *Chrysophlegma flavinucha*

啄木鸟目（PICIFORMES）>啄木鸟科（Picidae）>大黄冠啄木鸟属（*Chrysophlegma*）

本地分布： 力所乡 勐卡镇 勐梭镇 翁嘎科镇 新厂镇 岳宋乡 中课镇

二级

遇见月份： 1 2 3 4 5 6 7 8 9 10 11 12

　　形态特征： 体长32～35cm，体重153～198g。喉黄色，具形长的黄色羽冠，尾黑色，翅上飞羽具黑色及褐色横斑，体羽局部绿色。雄鸟颏、喉黑色；雌鸟颏、喉棕红色，缀以暗褐色纵纹。

　　生活习性： 主要栖息于海拔2000m以下的中低山常绿阔叶林内，罕见于海拔800～2000m的亚热带混交林、松林及次生丛。常单独或成对活动。

　　食性： 主要以昆虫为食，有时也吃植物种子和浆果。

　　繁殖： 繁殖期4—6月。通常营巢于树洞中。多选择腐朽的树干凿巢，巢洞由雌雄亲鸟自己啄凿而成。每窝产卵3～4枚，有时少至2枚和多至5枚。孵化期10～18d，育雏期22～26d，雌雄亲鸟轮流孵卵。

　　国内分布： 主要分布于西藏东部、云南、四川、广西、福建、海南。

灰头绿啄木鸟 *Picus canus*

啄木鸟目（PICIFORMES）>啄木鸟科（Picidae）>绿啄木鸟属（*Picus*）

本地分布： 力所乡 勐卡镇 勐梭镇 翁嘎科镇 新厂镇 岳宋乡 中课镇

遇见月份： 1 2 3 4 5 6 7 8 9 10 11 12

　　形态特征： 体长28～33cm，体重110～206g。雌雄相似。喙灰黑色，脚和趾灰绿色或褐绿色。雄鸟上体背部绿色，腰部和尾上覆羽黄绿色，额部和顶部红色，枕部灰色并有黑纹，颊部和颊喉部灰色，髭纹黑色，下体灰绿色。雌鸟头顶和额部没有红色。

　　生活习性： 栖息于低地至海拔1800m的阔叶混交林和针叶混交林、灌木林林地中，也出现于次生林和林缘地带。

　　食性： 主要以各种昆虫为食，也喜欢到地面钻土挖掘蚯蚓和虫蛹等，偶尔也吃植物果实和种子。

　　繁殖： 繁殖期4—6月。营巢于树洞中，巢洞由雌雄亲鸟共同啄凿完成，每年都新啄巢洞，一般不利用旧巢，巢内无任何内垫物。每窝产卵8～11枚，多为9～10枚。雌雄轮流孵卵，孵化期12～13d。

　　国内分布： 常见于华北、华东、华中、华南和西南各地。

黄嘴栗啄木鸟 *Blythipicus pyrrhotis*

啄木鸟目（PICIFORMES）>啄木鸟科（Picidae）>噪啄木鸟属（*Blythipicus*）

本地分布： 力所乡 勐卡镇 勐梭镇 翁嘎科镇 新厂镇 岳宋乡 中课镇

遇见月份： 1 2 3 4 5 6 7 8 9 10 11 12

　　形态特征：体长26.5～30cm，体重100～170g。体羽赤褐色且具黑斑，喙浅黄色。雄鸟颈侧及枕具绯红色块斑，体羽大多为栗色，上下体均有横斑，上体大多为棕褐色，下背以下暗褐色，自枕下至颈侧及耳羽后有一大赤红斑。雌鸟颈项及颈侧均无红斑。

　　生活习性：栖息在海拔500～2200m的常绿阔叶林中。常单独或成对活动。

　　食性：主要以昆虫为食，也吃蠕虫和其他小型无脊椎动物。

　　繁殖：繁殖期5—6月。通常营巢于森林中树上，由亲鸟自己啄洞营巢。巢多选择在树干内面腐朽、易于啄凿的活树或死树上。每窝产卵2～4枚。

　　国内分布：见于四川、云南、贵州、广西、湖南、广东、福建、海南。

红脚隼 *Falco amurensis*

隼形目（FALCONIFORMES）>隼科（Falconidae）>隼属（*Falco*）

本地分布： 力所乡 勐卡镇 勐梭镇 翁嘎科镇 新厂镇 岳宋乡 中课镇

遇见月份： 1 2 3 4 5 6 7 8 9 10 11 12

二级

　　形态特征： 体长 26～30cm，体重 124～190g。腿、腹及臀棕色，飞行时翼下覆羽为白色。雄鸟上体大致为石板黑色，颏、喉、颈、侧、胸、腹部淡石板灰色，胸具黑褐色羽干纹，肛周、尾下覆羽、覆腿羽棕红色。雌鸟上体大致为石板灰色，具黑褐色羽干纹，下背、肩具黑褐色横斑，颏、喉、颈侧乳白色，其余下体淡黄白色或棕白色，胸部具黑褐色纵纹，腹中部具点状或矢状斑，腹两侧和两胁具黑色横斑。

　　生活习性： 主要栖息于低山疏林、林缘、山脚平原、丘陵地区的沼泽、草地、河流、山谷和农田等开阔地区，尤其喜欢具有稀疏树木的平原、低山丘陵地区。栖息地海拔高度最高可达 3600m。

　　食性： 主要以蝗虫、蚱蜢、蝼蛄、蠹斯、金龟子、蟋蟀、叩头虫等昆虫为食，有时也捕食小型鸟类、蜥蜴、石龙子、蛙、鼠类等小型脊椎动物。

　　繁殖： 繁殖期5—7月。通常营巢于疏林中高大乔木的顶枝上。每窝产卵4～5枚。孵卵由亲鸟轮流进行，孵化期22～23d，育雏期27～30d。

　　国内分布： 见于东北、华北、华东、华中、东南、华南和西南的大多数省份。

长尾阔嘴鸟 *Psarisomus dalhousiae*

雀形目（PASSERIFORMES）>阔嘴鸟科（Eurylaimidae）>阔嘴鸟属（*Psarisomus*）

▼

二级

本地分布：力所乡 勐卡镇 勐梭镇 翁嘎科镇 新厂镇 岳宋乡 中课镇

遇见月份：1 2 3 4 5 6 7 8 9 10 11 12

形态特征：体长26～28cm，体重50～60g。全身亮绿色，额、眼后和下喉形成黄色三角区域，后枕蓝灰色，耳部具黄色点斑，其他头部区域黑色，背部、两翼及腰部亮绿色，翼尖黑色，下腹蓝绿色，尾蓝色且呈楔形。

生活习性：通常栖息于海拔880～1500m的常绿阔叶林中。常见10多只，甚至二三十只结群活动觅食。多静栖于林下阴湿处的灌木或小树上，不善喉鸣和跳跃。

食性：以昆虫和其他节肢动物为主食，也吃小型脊椎动物和果实。

繁殖：繁殖期4—6月，整个繁殖期间筑巢、孵化、育雏夫妻双方共同参与。巢形成梨状，垂吊在枝条上。每窝产卵4～5枚。孵化期20～22d，育雏期21～28d。

国内分布：分布于西藏东南部、云南西部及南部、广西西南部及贵州西南部。

银胸丝冠鸟 *Serilophus lunatus*

雀形目（PASSERIFORMES）>阔嘴鸟科（Eurylaimidae）>丝冠鸟属（*Serilophus*）

本地分布： 力所乡 勐卡镇 勐梭镇 翁嘎科镇 新厂镇 岳宋乡 中课镇

遇见月份： 1 2 3 4 5 6 7 8 9 10 11 12

二级

　　形态特征：体长16～17cm，体重25～35g。具宽阔的黑色贯眼纹；头至上背灰色染棕色；下背至腰棕红色；前胸银灰色；腹部白色；翼上具大块蓝色和橘黄色块斑；尾黑色，两侧白色。雌鸟似雄鸟，但上胸具一条醒目的细白色横带。

　　生活习性：栖息于海拔90～1400m热带、亚热带地区的各种类型的树林中。常结为10余只的小群，在树上活动觅食或静栖枝上。

　　食性：主要以昆虫为食，也吃果实、浆果、种子等植物性食物和一些小动物。

　　繁殖：繁殖期5—7月。营巢于矮树或灌丛间，巢由杂草、嫩枝、细茎等组成，内垫更细的杂草、竹叶及树叶等。每窝产卵4～5枚。孵化期11～14d。

　　国内分布：分布于西藏东南部、云南、广西、海南。

细嘴黄鹂 *Oriolus tenuirostris*

雀形目（PASSERIFORMES）>黄鹂科（Oriolidae）>黄鹂属（*Oriolus*）

本地分布： 力所乡 勐卡镇 勐梭镇 翁嘎科镇 新厂镇 岳宋乡 中课镇

遇见月份： 1 2 3 4 5 6 7 8 9 10 11 12

形态特征：体长22～26cm，体重62～106g。雄鸟体羽大多金黄色，背和肩羽稍沾绿色；眼先、眼周黑色，并延至枕部会合，形成1条黑色细纹；喙较细长；翅上初级覆羽黑色，羽端黄色，飞羽多为黑色；尾羽黑色，除中央尾羽外，均具宽阔的黄色端斑；下体纯亮黄色。雌鸟与雄鸟相似，但色泽较暗淡；黄色不及雄鸟鲜艳，且背部和肩羽沾绿色较明显，胸腹有时可见细的褐色纵纹。

生活习性：主要栖息于海拔160～2500m的山地针叶林、开阔林地、人工林、开阔稀树原野。

食性：主要以双翅目、鳞翅目、鞘翅目等昆虫为食，也吃少量植物果实与种子。

繁殖：繁殖期6—8月。通常营巢于高大的阔叶树上，一般在近树梢而又远离树干的水平细枝上。每窝产卵2～4枚。卵粉红色，缀以稀疏的紫红色斑点。孵化期14～16d，双亲共同育雏，育雏期约为16d。

国内分布：主要分布于云南西部、南部和四川南部。

黑枕黄鹂 *Oriolus chinensis*

雀形目（PASSERIFORMES）>黄鹂科（Oriolidae）>黄鹂属（*Oriolus*）

本地分布： 力所乡 勐卡镇 勐梭镇 翁嘎科镇 新厂镇 岳宋乡 中课镇

遇见月份： 1 2 3 4 5 6 7 8 9 10 11 12

　　形态特征： 体长23～28cm，体重65～100g。通体金黄色，头和体羽大多金黄色；下背稍沾绿色，呈绿黄色；腰和尾上覆羽柠檬黄色；两翅和尾黑色；头枕部有一宽阔的黑色带斑，并向两侧延伸和黑色贯眼纹相连，形成一条围绕头顶的黑带，在金黄色的头部甚为醒目。雌雄羽色相似，但雌羽较暗淡。

　　生活习性： 主要栖息于海拔1600m以下的低山丘陵和山脚平原地带的天然次生阔叶林、混交林，也出入于农田、原野、村寨附近和城市公园的树上，尤其喜欢天然栎树林和杨木林。极少在地面活动，喜集群，常成对在树丛中穿梭。

　　食性： 主食昆虫，也吃植物果实和种子。

　　繁殖： 繁殖期5—8月。巢筑在近树梢的水平枝上，呈吊篮状，以麻丝、碎纸、棉絮、草茎等编成。每窝产卵2～4枚。孵化工作完全由雌鸟担任，育雏活动由雄鸟和雌鸟共同担任，孵化期14～16d，育雏期12～16d。

　　国内分布： 分布于东部地区，由内蒙古的东北部及东北、华北地区往南直到广东、云南，西达陕西、甘肃南部和四川西部等地。

黑头黄鹂 *Oriolus xanthornus*

雀形目（PASSERIFORMES）>黄鹂科（Oriolidae）>黄鹂属（*Oriolus*）

本地分布：力所乡　勐卡镇　勐梭镇　翁嘎科镇　新厂镇　岳宋乡　中课镇

遇见月份：1　2　3　4　5　6　7　8　9　10　11　12

形态特征：体长23～25cm，体重46～79g。头至上胸黑色，翼黑色而具黄色羽缘，初级覆羽尖端黄色，尾黑色而具黄色羽缘，其余体羽金黄色。

生活习性：主要栖息于海拔1200m以下的低地常绿阔叶林和半落叶的热带季雨林，以及森林边缘，偶尔也在次生林、竹林、灌丛、人工林，包括村庄周边等生境活动。

食性：主要以乔木和灌木种子、果实、浆果、幼芽、嫩叶等植物性食物为食，也吃昆虫等动物性食物。

繁殖：繁殖期4—7月。通常营巢在阔叶林内高大乔木上。每窝产卵2～4枚，孵卵由雌鸟承担。孵化期15～16d，育雏期14～15d。

国内分布：见于云南西部和西藏东南部。

朱鹂 *Oriolus traillii*

雀形目（PASSERIFORMES）>黄鹂科（Oriolidae）>黄鹂属（*Oriolus*）

本地分布：力所乡 勐卡镇 勐梭镇 翁嘎科镇 新厂镇 岳宋乡 中课镇

遇见月份：1 2 3 4 5 6 7 8 9 10 11 12

　　形态特征：体长25.5～28cm，体重67～81g。体羽以栗红色为主。雄鸟头、颈至上胸辉黑色，两翼黑色无翼斑，其余体羽栗红色。雌鸟上背栗褐色，腰和尾上覆羽以及臀部栗红色，下体白色而具黑色纵纹，似鹊色鹂雌鸟但上体颜色更深。

　　生活习性：常见于海拔600～4000m的丘陵和山区森林中的落叶林、混交林及常绿林。通常单独或成对活动。树栖性，留在树层，多在乔木冠层间或树枝间跳上跳下和来回飞翔，很少到地面和林下活动。有时加入混合鸟群。

　　食性：以昆虫及植物果实为食。

　　繁殖：繁殖期4—6月。营巢于树木侧枝上，巢呈碗状，悬吊于侧枝末端。营巢材料主要为植物纤维和枯草。每窝产卵2～3枚。卵产齐后即开始孵卵，由雌雄亲鸟轮流承担。孵化期12～13d，育雏期14～21d。

　　国内分布：见于西藏东南部、云南东部、海南及台湾。

白腹凤鹛 *Erpornis zantholeuca*

雀形目（PASSERIFORMES）>莺雀科（Vireonidae）>绿凤鹛属（*Erpornis*）

本地分布： 力所乡 勐卡镇 勐梭镇 翁嘎科镇 新厂镇 岳宋乡 中课镇

遇见月份： 1 2 3 4 5 6 7 8 9 10 11 12

形态特征：体长11～13cm，体重8～17g。上体从头到尾黄绿色；具短的羽冠；头顶微具黑色羽轴纹；眼先、眼周、耳羽和下体灰白色；尾下覆羽黄色；虹膜褐色或红褐色；上喙浅褐色或肉褐色，下喙浅肉色；脚肉黄色。

生活习性：性活泼，喜鸣唱。常集小群活动，也多与其他小鸟混群。主要栖息于海拔1500m以下的低山丘陵、山脚与河谷地带常绿阔叶林及次生林中。

食性：主要以甲虫、鳞翅目幼虫、蚂蚁等昆虫为食。

繁殖：繁殖期4—6月。营巢于常绿阔叶林中，巢由细草茎、草叶、草根、纤维等材料构成，呈杯状或吊篮状，悬吊于乔木水平侧枝末梢细枝杈或灌木及竹枝上，距地不高。每窝产卵2～3枚。孵化期12～14d，育雏期14～18d。

国内分布：分布于云南、贵州、广东、香港、广西、福建、海南和台湾等地。

红翅鸡鹛 *Pteruthius aeralatus*

雀形目（PASSERIFORMES）>莺雀科（Vireonidae）>鸡鹛属（*Pteruthius*）

本地分布：力所乡 | 勐卡镇 | 勐梭镇 | 翁嘎科镇 | 新厂镇 | 岳宋乡 | 中课镇

遇见月份：1 | 2 | 3 | 4 | 5 | 6 | 7 | 8 | 9 | 10 | 11 | 12

　　形态特征：体长14～17cm，体重29～44g。翅上具有红斑，喙显短粗而头大。雄鸟头黑色，自眼后具一白色的长眉纹，上背灰黑色，翼黑色，三级飞羽橙红色，尾上覆羽黑色，颏、喉和整个下体灰白色，两胁染橙红色，尾下覆羽白色。雌鸟似雄鸟，但头与上背均灰色，其余雄鸟的黑色部分为橄榄绿色，三级飞羽上橙红色较浅。

　　生活习性：主要栖息于海拔350～3050m的阔叶林和针阔混交林中。冬季常见于低海拔地区。多单独或成对活动，有时与其他鹛类混群。

　　食性：主要以昆虫（蚩蠊、毛虫等）和植物浆果、种子等为食。

　　繁殖：繁殖期5—7月。在树枝上筑巢，每窝产卵4～6枚。雌鸟孵卵期间，雄鸟则负责觅食，并将食物固定在树枝上，让雌鸟轻松取食。幼鸟孵化出来后，雌雄亲鸟共同育雏。孵化期12～15d，育雏期15～18d。

　　国内分布：主要分布于华中、东南及西藏东南部和海南等地。

淡绿鵙鹛 *Pteruthius xanthochlorus*

雀形目（PASSERIFORMES）>莺雀科（Vireonidae）>鵙鹛属（*Pteruthius*）

本地分布：力所乡 勐卡镇 勐梭镇 翁嘎科镇 新厂镇 岳宋乡 中课镇

遇见月份：1 2 3 4 5 6 7 8 9 10 11 12

　　形态特征：体长12～13cm，体重14～15g。上体多为淡绿色，喙显短粗，头部和颈部均为深灰色，具有特征性的白色眼圈，上背橄榄绿色，具一道黄绿色翼斑，腹部为黄色，尾上覆羽墨绿色，尾端浅色。

　　生活习性：栖息于中高海拔的山地针阔混交林或针叶林中，偶见于下至中低海拔的山麓和丘陵地带。活动于森林中下层，常与山雀、鹛及柳莺混群。

　　食性：主要以象甲、甲虫、椿象、蝉等昆虫为食，也吃浆果、种子等植物性食物。

　　繁殖：繁殖期5—7月。通常营巢于茂密的森林中，巢通常悬吊于树木侧枝枝杈间，被蛛网和枝杈牢牢固定。通常每窝产卵3～4枚，也有少至2枚的。

　　国内分布：见于西藏东南部、云南、四川、甘肃南部、陕西南部、湖北西部以及重庆北部和东部，也见于江西和福建的武夷山地区。

栗喉鵙鹛 *Pteruthius melanotis*

雀形目（PASSERIFORMES）>莺雀科（Vireonidae）>鵙鹛属（*Pteruthius*）

本地分布： 力所乡 勐卡镇 勐梭镇 翁嘎科镇 新厂镇 岳宋乡 中课镇

遇见月份： 1 2 3 4 5 6 7 8 9 10 11 12

　　形态特征：体长11.5～12cm，体重10～14g。喙显短粗而头大。雄鸟头顶至上背橄榄绿色；眼先黑色，眼圈白色，具黑色贯眼纹延至耳羽后形成月牙纹；额黄色；颊至胸腹部明黄色；颏、喉及上胸栗色；枕至后颈蓝灰色；翼黑色，尖端白色，具2道白色翼斑；外侧尾羽黑色。雌鸟似雄鸟但颜色较暗淡，颏、喉栗色较淡，翼斑皮黄色。

　　生活习性：多单独或成对栖息于中高海拔的山地阔叶林中，常与其他小型鸟类混群，多见于林地中上层。

　　食性：主要以昆虫为食。

　　繁殖：繁殖期4—7月。营巢于茂密的常绿阔叶林中。巢多置于树水平侧枝枝杈上或悬吊于2个小的枝杈间，有时也置于小树或灌木枝杈上。每窝产卵多为3～5枚，偶尔也有少至2枚和多至6枚的。雌雄轮流孵卵，雏鸟晚成性。

　　国内分布：分布于西藏东南部及云南西部、西南部、南部、东南部。

栗额鸡鹛 *Pteruthius intermedius*

雀形目（PASSERIFORMES）>莺雀科（Vireonidae）>鸡鹛属（*Pteruthius*）

本地分布：力所乡 勐卡镇 勐梭镇 翁嘎科镇 新厂镇 岳宋乡 中课镇

遇见月份：1 2 3 4 5 6 7 8 9 10 11 12

形态特征：体长10～12cm，体重11～12.5g。额为栗色，喙显短粗而头大。雄鸟头顶至上背橄榄绿色；眼先黑色，眼圈白色，具黑色贯眼纹延至眼后变为灰白色；前额栗褐色；头顶前端黄色；颊至胸腹部明黄色；颏、喉及上胸栗褐色；枕至后颈蓝灰色；翼黑色，具2道白色翼斑；尾羽深橄榄色。雌鸟似雄鸟，但颜色较暗淡，前额栗色较淡，颏、喉栗色较淡或不明显，下体近灰白色，翼斑皮黄色。

生活习性：多单独或成对活动于低海拔至中高海拔山地阔叶林和针阔混交林中。常与其他小型鹛类和莺类混群，活动于植被中上层。

食性：主要以昆虫为食。

繁殖：繁殖期1—4月。巢呈篮状，悬挂于树枝上。窝卵数平均为2枚。

国内分布：分布于云南西北部、西南部、南部、东南部以及广西西部。

暗灰鹃鵙 *Lalage melaschistos*

雀形目（PASSERIFORMES）>山椒鸟科（Campephagidae）>鸣鹃鵙属（*Lalage*）

本地分布：力所乡　勐卡镇　勐梭镇　翁嘎科镇　新厂镇　岳宋乡　中课镇

遇见月份：1　2　3　4　5　6　7　8　9　10　11　12

形态特征：体长19.5～24cm，体重35～42g。全身以灰黑色为主。雄鸟上体蓝灰色，具深色眼先；下体颜色相近而稍淡；两翼黑色，泛光泽；尾黑色，呈楔形，两侧端斑白色。雌鸟整体颜色稍淡，两胁和胸侧具横斑。

生活习性：栖息于中低山以及平原、山麓地区的开阔林地或林缘，也见于人工林、次生林等多种林型，活动于树冠层。

食性：主要以昆虫为食，也吃少量植物果实和种子。此外，也吃蜘蛛、蜗牛等其他小型无脊椎动物。

繁殖：繁殖期5—7月。营巢于高大乔木树冠层的水平枝上，巢较隐蔽。部分或许1年繁殖2窝。每窝产卵2～4枚，第一窝多为4枚，第二窝多为2枚。雌雄亲鸟轮流孵卵，雏鸟晚成性。

国内分布：留鸟见于西藏东南部、云南西部和南部以及海南；夏候鸟见于华北、华中、华东、西南以及华南大部分区域；冬候鸟见于华南及香港、台湾。

灰山椒鸟 *Pericrocotus divaricatus*

雀形目（PASSERIFORMES）>山椒鸟科（Campephagidae）>山椒鸟属（*Pericrocotus*）

本地分布：力所乡 勐卡镇 勐梭镇 翁嘎科镇 新厂镇 岳宋乡 中课镇

遇见月份：1 2 3 4 5 6 7 8 9 10 11 12

形态特征：体长27～35cm，体重150～185g。全身以灰黑色为主。雄鸟头顶至后枕包括贯眼纹黑色；上体及腰灰色；两翼和尾羽灰黑色，具1道白色翼斑；额、下颊和喉以及下体白色。雌鸟似雄鸟，但雄鸟的黑色部位为灰色。

生活习性：栖息于低海拔林地，繁殖期见于阔叶林和针阔混交林中，迁徙季节见于多种生境。多成群活动于树冠层，飞行呈波浪状。

食性：主要以昆虫为食。

繁殖：繁殖期5—7月。通常营巢于落叶阔叶林和红松阔叶混交林中，巢多置于高大树木侧枝上。每窝产卵4～5枚。

国内分布：繁殖于东北，迁徙经华北、华东和华南，在云南极南部和台湾有越冬群体。

灰喉山椒鸟 *Pericrocotus solaris*

雀形目（PASSERIFORMES）>山椒鸟科（Campephagidae）>山椒鸟属（*Pericrocotus*）

本地分布：力所乡 勐卡镇 勐梭镇 翁嘎科镇 新厂镇 岳宋乡 中课镇

遇见月份： 1 2 3 4 5 6 7 8 9 10 11 12

　　形态特征：体长16.6～19.5cm，体重12～20g。雄鸟上体从前额、头顶至上背、肩黑色或烟黑色，具蓝色光泽；下背、腰和尾上覆羽鲜红或赤红色；尾黑色，尾下覆羽橙红色；两翅黑褐色，具赤红色翼斑；眼先黑色；颊、耳羽、头侧以及颈侧灰色或暗灰色；喉灰色、灰白色或沾黄色，其余下体鲜红色。雌鸟自额至背深灰色；下背橄榄绿色；腰和尾上覆羽橄榄黄色；两翅和尾与雄鸟同色，但红色被黄色取代；眼先灰黑色；颊、耳羽、头侧和颈侧灰色或浅灰色；额、喉浅灰色或灰白色；胸、腹和两胁鲜黄色；翼缘和翼下覆羽深黄色。

　　生活习性：主要栖息于低山丘陵地带的杂木林和山地森林中，尤以低山阔叶林、针阔混交林较常见，也出入于针叶林，有时可到海拔3000m左右的高度。

　　食性：主要以双翅目、半翅目、鞘翅目等昆虫为食，也吃少量植物果实与种子。

　　繁殖：繁殖期5—6月。通常营巢于常绿阔叶林、栎林。巢多置于树侧枝上或枝杈间。每窝产卵3～4枚。雌雄亲鸟共同育雏。

　　国内分布：主要分布于南方大部分地区，如西藏东南部、云南、湖北、福建等地。

长尾山椒鸟 *Pericrocotus ethologus*

雀形目（PASSERIFORMES）>山椒鸟科（Campephagidae）>山椒鸟属（*Pericrocotus*）

本地分布：力所乡 勐卡镇 勐梭镇 翁嘎科镇 新厂镇 岳宋乡 中课镇

遇见月份： 1 2 3 4 5 6 7 8 9 10 11 12

形态特征：体长 17.5～20.5cm，体重 13～25g。雄鸟腰、翼斑、胸、腹及两侧尾羽红色，其余黑色泛蓝色光泽，翼斑呈"Π"形。雌鸟上背及头灰色，喉白色，额染、腰、翼斑、胸、腹及两侧尾羽为黄色，翼及中央尾羽黑色。

生活习性：见于海拔 1000～2500m 的常绿阔叶林、落叶阔叶林、针阔混交林，甚至针叶林、林缘灌丛、平原疏林等多种生境。多成小群活动，有时也见大群或单独活动的，觅食于树冠层。在中高海拔山地森林繁殖，迁徙时也见于山麓和平原地带疏林内。

食性：主要以鳞翅目、鞘翅目、半翅目、直翅目和膜翅目等昆虫为食。

繁殖：繁殖期5—7月。通常营巢于森林中乔木上，也在山边树上营巢。每窝产卵2～4枚，多为3枚。孵卵由雌鸟承担，雄鸟通常在巢域附近警戒。雏鸟晚成性，雌雄亲鸟共同育雏。

国内分布：分布于西南各地，向北至陕西、山西、河北等地。

短嘴山椒鸟 *Pericrocotus brevirostris*

雀形目（PASSERIFORMES）>山椒鸟科（Campephagidae）>山椒鸟属（*Pericrocotus*）

本地分布：力所乡　勐卡镇　勐梭镇　翁嘎科镇　新厂镇　岳宋乡　中课镇

遇见月份：1　2　3　4　5　6　7　8　9　10　11　12

　　形态特征：体长19～20cm，体重16～17g。雄鸟腰、翼斑、胸、腹及两侧尾羽红色，其余部分黑色且泛蓝色光泽，下腹色浅，似长尾山椒鸟但翼斑呈"┐"形。雌鸟喉白色染黄色，额至头顶以及脸颊染浓黄色，头及上背灰色染黄色，腰、翼斑、胸、腹及两侧尾羽为黄色，翼及中央尾羽黑色。

　　生活习性：繁殖季见于中高海拔的山地阔叶林、针阔混交林和针叶林中，非繁殖季下迁至低海拔地区。常成群活动，活动时常分散开来，彼此用叫声保持联系。

　　食性：主要昆虫为食，偶尔吃少量种子与果实等植物性食物。

　　繁殖：繁殖期5—7月。营巢于树木侧枝上。每窝产卵2～4枚。

　　国内分布：分布于四川南部、云南、贵州、广西和广东大部分地区。

赤红山椒鸟 *Pericrocotus flammeus*

雀形目（PASSERIFORMES）>山椒鸟科（Campephagidae）>山椒鸟属（*Pericrocotus*）

本地分布： 力所乡 勐卡镇 勐梭镇 翁嘎科镇 新厂镇 岳宋乡 中课镇

遇见月份： 1 2 3 4 5 6 7 8 9 10 11 12

形态特征：体长17～22cm，体重19～24.5g。雄鸟胸、腹、腰羽、翼斑及两侧尾羽红色，其余蓝黑色，翼斑呈"刁"形。雌鸟胸、腹、腰羽、翼斑及两侧尾羽为黄色，头顶至上背灰色，前额脸颊橙黄色。

生活习性：多栖息于中低海拔的丘陵和平原地带的阔叶林、雨林以及季雨林中，也见于针阔混交林、针叶林以及灌丛中。喜原始森林，多成对或成小群活动。

食性：主要以甲虫、蝗虫、铜绿金龟甲、椿象、蝉等昆虫为食，偶尔也吃少量植物种子。

繁殖：繁殖期4—6月。通常营巢于茂密森林中乔木上，也在小树上营巢。每窝产卵2～4枚。

国内分布：分布于西藏东南部、云南、贵州、湖南、广西、广东、福建以及海南。

灰燕鸻 *Artamus fuscus*

雀形目（PASSERIFORMES）>燕鸻科（Artamidae）>燕鸻属（*Artamus*）

本地分布：力所乡　勐卡镇　勐梭镇　翁嘎科镇　新厂镇　岳宋乡　中课镇

遇见月份：1　2　3　4　5　6　7　8　9　10　11　12

形态特征：体长16～19cm，体重37～42g。通体深灰色，喙尖长且粗壮，腰、下腹和尾端白色，胸至腹部粉黄色。飞行似燕，但尾端较平且两翼呈三角形。

生活习性：栖息于中低海拔的丘陵、平原等开阔地带。多集群活动，有时能成近百只的大群，飞行觅食。

食性：主要以飞行性昆虫为食。

繁殖：繁殖期4—6月。营巢于高大乔木天然树洞中，也在粗的水平侧枝枝杈上营巢。通常每窝产卵2～3枚，偶尔有多至4枚的。雌雄轮流孵卵。

国内分布：分布于云南、广西、广东、香港及海南。

褐背鹟鵙 *Hemipus picatus*

雀形目（PASSERIFORMES）>钩嘴鵙科（Vangidae）>鹟鵙属（*Hemipus*）

本地分布： 力所乡 勐卡镇 勐梭镇 翁嘎科镇 新厂镇 岳宋乡 中课镇

遇见月份： 1 2 3 4 5 6 7 8 9 10 11 12

形态特征： 体长14～15cm，体重8.5～9.5g。雄鸟头黑色，背黑褐色，翅具白色宽阔翼斑，腰部白色，喉至尾下覆羽淡灰褐色，尾楔形且两侧白色。雌鸟似雄鸟，但雄鸟的黑色部位为灰褐色。

生活习性： 栖息于海拔2000m左右及以下的山地阔叶林、雨林、针阔混交林中，也见于林缘和灌丛，非繁殖季常成群活动于林地中上层。喜群栖，常与其他种类混群于树间活动。

食性： 主要以鞘翅目、半翅目、膜翅目、鳞翅目和蜻蜓目等昆虫为食。

繁殖： 繁殖期3—6月。营巢于乔木上，通常置巢于树冠层水平枝上外端，巢距地高3～10m。每窝产卵2～3枚。

国内分布： 分布于西藏东南部，云南西部、南部和东南部，贵州中部和南部及广西西南部。

钩嘴林䴗 *Tephrodornis virgatus*

雀形目（PASSERIFORMES）>钩嘴䴗科（Tephrodornithidae）>林䴗属（*Tephrodornis*）

本地分布：力所乡 勐卡镇 勐梭镇 翁嘎科镇 新厂镇 岳宋乡 中课镇

遇见月份：1 2 3 4 5 6 7 8 9 10 11 12

　　形态特征：体长18.5～23cm，体重28.3～46g。全身以灰褐色为主。雄鸟头顶至颈背灰色，具宽阔的黑色眼罩，喙似伯劳带钩，下颊和喉白色，上体棕褐色，腰白色，胸淡棕色，下腹白色，尾棕色。雌鸟头顶和颈背与上体同色，且眼罩颜色较淡。

　　生活习性：栖息于海拔1500m以下的丘陵、平原等低海拔常绿阔叶林、雨林、季雨林中，也见于果园、苗圃和公园等生境。常成对或小群活动，觅食于林地的中上层。

　　食性：主要以鞘翅目、半翅目、膜翅目、鳞翅目和蜻蜓目等昆虫为食，尤以鞘翅目昆虫所占比例较大。

　　繁殖：繁殖期4—7月。营巢于森林中树上，巢多置于树水平枝或枝杈上。每窝产卵2～4枚，多为3枚。雌雄轮流孵卵。

　　国内分布：分布于云南、贵州、广西、广东、福建以及海南等南方各省。

黑翅雀鹎 *Aegithina tiphia*

雀形目（PASSERIFORMES）>雀鹎科（Aegithinidae）>雀鹎属（*Aegithina*）

本地分布： 力所乡 勐卡镇 勐梭镇 翁嘎科镇 新厂镇 岳宋乡 中课镇

遇见月份： 1 2 3 4 5 6 7 8 9 10 11 12

形态特征：体长13～17cm，体重12～15g。整体黄绿色，翅黑色。雄鸟额及眼以上墨绿色，上背至尾墨绿色，翼黑色且具2道宽白色翅斑，喉至下腹及尾下覆羽明黄色。雌鸟似雄鸟，但上背绿色偏淡。

生活习性：栖息于中低海拔阔叶林、林缘，也见于果园、公园、红树林等生境。常单独或成对活动，有时也成小群，极隐蔽。

食性：主要以昆虫及植物果实、种子为食。

繁殖：繁殖期4—7月。营巢于常绿阔叶林中小树或灌木上，巢多置于树侧枝或主权上，距地面高0.6～9m。每窝产卵2～4枚。雌雄轮流孵卵，雏鸟晚成性。

国内分布：分布于西藏东南部，云南西部、南部，以及广西西南部。

白喉扇尾鹟 *Rhipidura albicollis*

雀形目（PASSERIFORMES）>扇尾鹟科（Rhipiduridae）>扇尾鹟属（*Rhipidura*）

本地分布：力所乡 勐卡镇 勐梭镇 翁嘎科镇 新厂镇 岳宋乡 中课镇

遇见月份：1 2 3 4 5 6 7 8 9 10 11 12

　　形态特征：体长17.5～20.5cm，体重9～13g。全身以深灰色为主，雌雄体色相似，除眉纹、额、喉和尾羽末端白色外，其余体羽为灰黑色而不同于白眉扇尾鹟。

　　生活习性：栖息于中高海拔的阔叶林、针阔混交林以及针叶林中，也见于林缘、田野和灌丛。喜与其他鸟类混群，活动于疏林中层和高层，常竖起尾部并打开扇形尾羽。

　　食性：主要以鞘翅目象甲、甲虫、叶甲、金花虫，鳞翅目昆虫，蚂蚁等昆虫为食。

　　繁殖：繁殖期4—7月。营巢于离地面1.2～4.2m高的树枝杈上，营巢由雌雄亲鸟共同承担。通常每窝产卵3～4枚，多为3枚。雌雄亲鸟轮流孵卵，孵化期12～13d。雏鸟晚成性，雌雄共同育雏，经过13～15d的喂养，幼鸟即可离巢。

　　国内分布：分布于西南、华南等地区。

黑卷尾 *Dicrurus macrocercus*

雀形目（PASSERIFORMES）>卷尾科（Dicruridae）>卷尾属（*Dicrurus*）

本地分布： 力所乡 勐卡镇 勐梭镇 翁嘎科镇 新厂镇 岳宋乡 中课镇

遇见月份： 1 2 3 4 5 6 7 8 9 10 11 12

　　形态特征：体长30～31cm，体重27～28.5g。雌雄同色，通体黑色而泛蓝色光泽，尾长且尖端分叉，似古铜色卷尾但不具古铜色金属光泽。与鸦嘴卷尾区别在于尾分叉较深且尾形也不同。

　　生活习性：栖息于海拔800m以下的低山丘陵以及平原地带，常立于开阔地中的突兀树枝之上，于空中捕食昆虫；在西藏则栖息在海拔2000～2500m的针阔混交林林缘。叫声为嘹亮的金属声音，活跃多变，还能模仿其他鸟的鸣叫声。

　　食性：主要以蝗虫、甲虫、蜻蜓、胡蜂、金花虫、瓢、蝉、天社蛾幼虫等昆虫为食。

　　繁殖：繁殖期6—7月。窝卵数3～4枚。孵化期15～17d，育雏期20～24d，雌雄亲鸟轮流孵卵、共同育雏。

　　国内分布：广泛分布于除西北部地区外的各地。

灰卷尾 *Dicrurus leucophaeus*

雀形目（PASSERIFORMES）>卷尾科（Dicruridae）>卷尾属（*Dicrurus*）

本地分布： 力所乡 勐卡镇 勐梭镇 翁嘎科镇 新厂镇 岳宋乡 中课镇

遇见月份： 1 2 3 4 5 6 7 8 9 10 11 12

　　形态特征： 体长 32～45cm，体重 40～55g。雌雄羽色相似，全身体羽深灰色，鼻羽和前额黑色。分布区北部及东部的亚种环眼部具宽大的白色脸斑；西南部的亚种呈灰褐色，且无脸上的白色块斑。

　　生活习性： 多成对或集小群栖息于中低海拔的阔叶林中，在云南可见于高至海拔 4000m 左右的区域。喜停栖于树枝顶端，飞起捕食空中的昆虫，飞行时呈波浪状前行。

　　食性： 主要以椿象、白蚁和松毛虫等农林害虫为食，也吃植物种子。

　　繁殖： 多数地区一年繁殖 1 次，于 6—7 月繁殖；但在西南地区则一年繁殖 2 次。每窝产卵 3～4 枚。

　　国内分布： 分布于秦岭—淮河以南的大部分地区，以及西藏南部和东南部。

古铜色卷尾 *Dicrurus aeneus*

雀形目（PASSERIFORMES）>卷尾科（Dicruridae）>卷尾属（*Dicrurus*）

本地分布：力所乡 勐卡镇 勐梭镇 翁嘎科镇 新厂镇 岳宋乡 中课镇

遇见月份：1 2 3 4 5 6 7 8 9 10 11 12

形态特征：体长22～24cm，体重22～30g。雌雄羽色相似，通体黑蓝色而具紫蓝色或蓝绿色金属光泽，尾羽末端分叉。较其他卷尾更具金属光泽且体较小。

生活习性：多单独或成对栖息于海拔2000m左右的天然阔叶林、次生林以及人工林和苗圃中，也偶见于河谷、农田和果园等生境。

食性：主要以金龟甲、金花虫、蝗虫、蚱蜢、竹节虫、椿象、瓢虫、蚂蚁、蜂、蜻蜓、蝉等各种昆虫为食，偶尔也吃少量植物果实、种子、叶芽等植物性食物。

繁殖：繁殖期5—7月。通常营巢于高大乔木顶端枝杈上。每窝产卵3～4枚，偶尔多至5枚。由雌雄亲鸟轮流承担，孵化期16d。雏鸟晚成性，雌雄亲鸟共同育雏，留巢期20～24d。

国内分布：分布于西藏东南部、云南南部、广西西南部、海南以及台湾。

发冠卷尾 *Dicrurus hottentottus*

雀形目（PASSERIFORMES）>卷尾科（Dicruridae）>卷尾属（*Dicrurus*）

本地分布： 力所乡 | 勐卡镇 | 勐梭镇 | 翁嘎科镇 | 新厂镇 | 岳宋乡 | 中课镇

遇见月份： 1 | 2 | 3 | 4 | 5 | 6 | 7 | 8 | 9 | 10 | 11 | 12

形态特征：体长24～32cm，体重70～110g。体大，雌雄羽色相似，通体黑色且泛蓝绿色光泽，头具一束丝状羽冠，头至颈侧和肩部具闪斑，尾羽分叉且外侧向上卷曲。

生活习性：栖息于海拔1500m以下的中低山天然林、次生林和人工林中，也偶见于疏林、林缘以及公园和人工绿地等生境。性情凶猛。单独或成对活动，很少成群。树栖性，主要在树冠层活动和觅食。繁殖后具有拆除巢的习性。

食性：主要以金龟甲、金花虫、蝗虫、蚱蜢、竹节虫、椿象、瓢虫、蚂蚁、蜂、蜻蜓、蝉等各种昆虫为食，偶尔也吃少量植物果实、种子、叶芽等植物性食物。

繁殖：繁殖期5—7月。筑巢由雌雄亲鸟共同承担，通常营巢于高大乔木顶端枝杈上，巢距地高3～10m。每窝产卵3～4枚，偶尔多至5枚。孵卵由雌雄亲鸟轮流承担，孵化期15～17d。雏鸟晚成性，雌雄亲鸟共同育雏，留巢期20～24d。

国内分布：分布于华北、华中、华南和西南各省，迁徙季节见于台湾。

小盘尾 *Dicrurus remifer*

雀形目（PASSERIFORMES）>卷尾科（Dicruridae）>卷尾属（*Dicrurus*）

本地分布：力所乡 勐卡镇 勐梭镇 翁嘎科镇 新厂镇 岳宋乡 中课镇

遇见月份：1 2 3 4 5 6 7 8 9 10 11 12

二级

形态特征：体长 25～27.5cm，体重 40～48g。雌雄体色相近。通体黑色，具蓝绿色光泽；前额具绒状簇羽；最外侧尾羽羽轴特别延长，末端具勺状羽片。似大盘尾但前额簇羽不明显且尾端平直。

生活习性：多单独或成对栖息于海拔 600～2100m 的天然林、次生阔叶林以及竹林中，喜觅食于疏林和林缘等开阔地带。经常长时间地停留在孤立的乔木顶端，时而突然急速飞起，捕捉空中过往飞行的昆虫，或飞翔穿插于密树中。飞翔较缓慢，体后尾羽的"盘状尾"飘荡飞舞，时而急速上升，紧接着翻筋斗般地下降，捕食沼泽草地受惊飞起的昆虫。

食性：主要以蝗虫、蚱蜢等昆虫为食，也吃植物的花蕊与浆果。

繁殖：繁殖期3—6月。巢多置于阔叶树顶端高处一些小的分枝末端枝杈上，距地高5m以上。每窝产卵3～4枚。

国内分布：分布于西藏东南部，云南西部、南部，以及广西西部。

黑枕王鹟 *Hypothymis azurea*

雀形目（PASSERIFORMES）＞王鹟科（Monarchidae）＞黑枕王鹟属（*Hypothymis*）

本地分布：力所乡　勐卡镇　勐梭镇　翁嘎科镇　新厂镇　岳宋乡　中课镇

遇见月份：1　2　3　4　5　6　7　8　9　10　11　12

形态特征：体长15～17cm，体重8～17g。雄鸟通体蓝紫色，枕后具黑色短羽簇，喙基具黑色小斑块，下喉具狭窄的黑色胸带，两翼沾褐色，下腹近白色。雌鸟羽色较暗淡，头蓝色偏灰，上体、两翼和尾灰褐色，胸灰褐色，下腹偏白色，不具黑色枕后羽簇和黑色胸带。

生活习性：栖息于海拔1000m以下的低山丘陵及平原的常绿阔叶林、次生林以及林缘灌丛地带，也见于农田和公园。喜单独活动，飞捕昆虫，行动敏捷。

食性：主要以昆虫为食。

繁殖：繁殖期3—7月，通常营巢于其他鸟类的旧巢，同时也利用人工巢箱进行繁殖。窝卵数4～6枚，孵化期28～30d，育雏期为30d左右。繁殖期间，雌性主要负责孵卵、育雏和喂食，而雄性很少参与抚育子代，主要为雌鸟和子代提供食物。

国内分布：分布于西藏东南部、四川南部、云南、贵州、广西、广东、香港、福建、台湾和海南。

寿带 *Terpsiphone incei*

雀形目（PASSERIFORMES）>鹟科（Muscicapidae）>寿带属（*Terpsiphone*）

本地分布：力所乡 勐卡镇 勐梭镇 翁嘎科镇 新厂镇 岳宋乡 中课镇

遇见月份：1 2 3 4 5 6 7 8 9 10 11 12

形态特征：体长16.8～49cm，体重15～33g。雄鸟和雌鸟外观不同。雄鸟有2种色型，即白色型和红褐色型。在红褐色型中，上体是红褐色而不是白色。二种形态的下半部分都是白色的。雄性两条中央尾羽长达30cm并下垂拖曳，头部是闪亮的蓝黑色，具一个耸起的黑色羽冠；喉深蓝色至黑色；眼圈明亮且呈蓝色，虹膜黑色。雌鸟喉灰色，上体及背部红褐色，下体白色，无雄鸟的长尾羽毛，喉灰色，眼圈微弱。

生活习性：主要栖息于海拔1200m以下的低山丘陵和山脚平原地带的阔叶林和次生阔叶林中，也出没于林缘疏林和竹林，尤其喜欢沟谷和溪流附近的阔叶林。栖息于热带草原林地和稀树草原林地，但回避茂密的森林和干燥的灌丛区。生活在各种类型的开阔林地、种植园、耕地、森林边缘，还经常光顾花园和果园，在村庄和城镇周围的大树中可见到。

食性：主要以昆虫为食。

繁殖：在5月末至6月初开始营巢，在阔叶林中靠近溪流附近的小阔叶树枝杈上和竹上，也在林下幼树枝杈上营巢。每窝产卵2～5枚。孵化期13～15d，育雏期11～16d，雌雄共同孵化。

国内分布：分布于中部至东北部。

红尾伯劳 *Lanius cristatus*

雀形目（PASSERIFORMES）>伯劳科（Laniidae）>伯劳属（*Lanius*）

本地分布： 力所乡　勐卡镇　勐梭镇　翁嘎科镇　新厂镇　岳宋乡　中课镇

遇见月份： 1　2　3　4　5　6　7　8　9　10　11　12

形态特征：体长17～20cm，体重27～37g。头顶至枕部灰色或红褐色，具黑色眼罩和细白色眉纹，颏、喉至下体白色，部分个体两胁具细横纹，上背棕褐色，两翼黑褐色，尾上覆羽红褐色。雌鸟似雄鸟，但颜色较暗淡，眼罩褐色。

生活习性：栖息于海拔1500m以下的山地疏林、林缘及灌丛中。单独或成对活动，性活泼，喜开阔地带，活动于林地的中高层。繁殖期间则常站在小树顶端，仰首翘尾地高声鸣唱，鸣声粗犷、响亮、激昂有力。

食性：主要以直翅目蝗科、螽斯科，鞘翅目步甲科、金龟子科、瓢虫科，半翅目蝽科和鳞翅目昆虫为食，偶尔吃少量草籽。

繁殖：繁殖期5—6月。巢多位于林缘附近，平均距地高度为9m，以6～8m最多。每年繁殖1窝，满窝卵数5～7枚，每日产出1枚，最高窝卵数为8枚。孵化期14～15d，孵卵由雌鸟担任。雌雄共同育雏，育雏期14～18d。

国内分布：广泛分布于除西北部地区外的各地。

栗背伯劳 *Lanius collurioides*

雀形目（PASSERIFORMES）>伯劳科（Laniidae）>伯劳属（*Lanius*）

本地分布： 力所乡 勐卡镇 勐梭镇 翁嘎科镇 新厂镇 岳宋乡 中课镇

遇见月份： 1 2 3 4 5 6 7 8 9 10 11 12

形态特征：体长17.5～20.5cm，体重23～33g。前额、头侧和颈侧黑色，自头顶至上背渐转为青灰色，上体余部包括肩羽和尾上覆羽栗棕色，尾羽黑褐色。

生活习性：主要栖息于海拔280～1400m的低山丘陵和开阔次生林中。常单独或成对活动，多站在小树或灌木顶枝上。鸣声清脆多变，婉转动听。

食性：以蝗虫等昆虫、蜥蜴和其他小型陆生动物为食。

繁殖：繁殖期4—6月。少数个体在3月末就开始产卵，每窝产卵3～6枚。孵化期13～16d。

国内分布：主要分布于云南、贵州西南部、广西和广东。

棕背伯劳 *Lanius schach*

雀形目（PASSERIFORMES）>伯劳科（Laniidae）>伯劳属（*Lanius*）

本地分布： 力所乡 勐卡镇 勐梭镇 翁嘎科镇 新厂镇 岳宋乡 中课镇

遇见月份： 1 2 3 4 5 6 7 8 9 10 11 12

　　形态特征： 体长21.9～28.1cm，体重42～72g。成鸟额、眼纹、两翼及尾黑色，翼有一白色斑，头顶及颈背灰色或灰黑色，背、腰及体侧红褐色，颏、喉、胸及腹中心部位白色。

　　生活习性： 除繁殖期成对活动外，多单独活动。常在林旁、农田、果园、河谷、路旁和林缘地带的乔木上与灌丛中活动，有时也在田间和路边的电线上东张西望，一旦发现猎物，立刻飞去追捕，然后返回原处吞吃。

　　食性： 主要以昆虫等动物性食物为食，偶尔也吃少量植物种子。

　　繁殖： 繁殖期4—7月。营巢于树上或高的灌木上。巢距地高1～8m，呈杯形，以草茎、竹叶、嫩枝、蕨叶及其他杂屑等编成。雌雄共同参与营巢活动。每窝产卵3～6枚，通常4～5枚。

　　国内分布： 在南部大部分区域均有分布。

灰背伯劳 *Lanius tephronotus*

雀形目（PASSERIFORMES）>伯劳科（Laniidae）>伯劳属（*Lanius*）

本地分布：力所乡 勐卡镇 勐梭镇 翁嘎科镇 新厂镇 岳宋乡 中课镇

遇见月份：1 2 3 4 5 6 7 8 9 10 11 12

形态特征：体长约25cm，体重40～52g。雌雄同色，难以区别。额基、眼先、眼周至耳羽黑色；头顶至下背暗灰色；腰羽灰色染以锈棕色，至尾上覆羽转为锈棕色；中央尾羽近黑色，有淡棕色端；外侧尾羽暗褐色，内翈羽色较淡，各羽具窄的淡棕端斑；肩羽与背同色；翅覆羽及飞羽深黑褐色，初级飞羽不具翅斑，内侧飞羽及大覆羽具淡棕色外缘及端缘；额、喉白色；颈侧略染锈色；胸以下白色，但染以较重的锈棕色；胁羽、股羽及尾下覆羽锈棕色。

生活习性：栖息于平原至海拔4000m的山地疏林地区，在农田及农舍附近较多见。常栖息在树梢的干枝或电线上，俯视四周以抓捕猎物。

食性：以昆虫为主食，以蝗虫、蝼蛄、蚱蜢、金龟（虫甲）、鳞翅目幼虫及蚂蚁等最多，也吃鼠类、小鱼及杂草。

繁殖：繁殖期5—7月。在榆、槐等阔叶树或灌木上筑巢。巢距地0.3～7m，为杯状，置于枝杈基部。窝卵数4～5枚；卵淡青或浅粉色，具淡褐色及紫灰色斑，斑在纯端较集中，形成色轮。

国内分布：分布于甘肃、宁夏、青海、陕西、四川、贵州、西藏、云南。

松鸦 *Garrulus glandarius*

雀形目（PASSERIFORMES）>鸦科（Corvidae）>松鸦属（*Garrulus*）

本地分布：力所乡　勐卡镇　勐梭镇　翁嘎科镇　新厂镇　岳宋乡　中课镇

遇见月份：1　2　3　4　5　6　7　8　9　10　11　12

　　形态特征：体长30～36cm，体重135～175g。两翼黑色具白色块斑，翼上具黑色及蓝色镶嵌图案，腰白色，髭纹黑色。飞行时，两翼显得宽圆，飞行沉重，振翼无规律。

　　生活习性：除繁殖期多见成对活动外，其他季节多集成3～5只的小群四处游荡。常年栖息在针叶林、针阔混交林、阔叶林等森林中，有时也到林缘疏林和天然次生林内，活动很少见于平原耕地。冬季偶尔可到林区居民点附近的耕地或路边丛林活动和觅食。

　　食性：食物组成随季节和环境而变化。繁殖期主要以金龟子、天牛、尺蠖蛾、松毛虫、象甲、地老虎等昆虫为食，也吃蜘蛛、鸟卵、雏鸟等其他动物。秋冬季和早春，则主要以松子、橡子、栗子、浆果、草籽等植物果实与种子为食，兼食部分昆虫。

　　繁殖：繁殖期4—7月。多营巢于山地溪流和河岸附近的针叶林及针阔混交林中，也在稠密的阔叶林中营巢。巢呈杯状，主要由枯枝、枯草、细根和苔藓等材料构成，内垫细草根和羽毛。

　　国内分布：除极西部地区以外，遍布各地。

红嘴蓝鹊 *Urocissa erythroryncha*

雀形目（PASSERIFORMES）>鸦科（Corvidae）>蓝鹊属（*Urocissa*）

本地分布： 力所乡 勐卡镇 勐梭镇 翁嘎科镇 新厂镇 岳宋乡 中课镇

遇见月份： 1 2 3 4 5 6 7 8 9 10 11 12

　　形态特征： 体长53～68cm，体重150～200g。红嘴蓝鹊是一种体态美丽的鸦科鸟类，尾羽长，羽毛秀丽。头、颈、胸部暗黑色，头顶羽尖缀白，犹似戴上一个灰色帽盔；枕、颈部羽端白色；背、肩及腰部羽色为紫灰色；翼羽以暗紫色为主，并衬以紫蓝色；中央尾羽紫蓝色，末端有一宽阔的带状白斑；其余尾羽均为紫蓝色，末端具有黑白相间的带状斑；中央尾羽甚长，外侧尾羽依次渐短，因而构成梯状；下体为极淡的蓝灰色，有时近于灰白色；喙壳朱红色；趾红橙色。

　　生活习性： 性喜群栖，飞行在林间作鱼贯式穿飞，由于尾长摇曳舒展，随风荡漾，起伏成波浪状，极具造型之美。主要栖息于山区常绿阔叶林、针叶林、针阔混交林和次生林等各种不同类型的森林中，也见于竹林、林缘疏林和村旁、地边树上。

　　食性： 主要以昆虫等动物性食物为食，也吃植物果实、种子和玉米、小麦等农作物。

　　繁殖： 繁殖期5—7月。营巢于树木侧枝上，也在高大的竹林上筑巢。每窝产卵3～6枚，多为4～5枚。雌雄亲鸟轮流孵卵，雏鸟晚成性。

　　国内分布： 分布于华北、华中、华东、华南、西南大部分地区。

灰树鹊 *Dendrocitta formosae*

雀形目（PASSERIFORMES）>鸦科（Corvidae）>树鹊属（*Dendrocitta*）

本地分布： 力所乡 勐卡镇 勐梭镇 翁嘎科镇 新厂镇 岳宋乡 中课镇

遇见月份： 1 2 3 4 5 6 7 8 9 10 11 12

　　形态特征：体长31～39cm，体重70～120g。额、眼先、眼上黑色；头侧、颏、喉暗烟褐色；头顶至后颈灰色；背、肩棕褐色或灰褐色；腰及尾上覆羽灰色或灰白色沾褐色；翅和翅上覆羽黑色，除第一枚和第二枚初级飞羽外，所有初级飞羽基部均有一白色斑，在翅上形成明显的白色翅斑，飞翔时更为明显；尾羽黑色或中央一对尾羽暗灰色，端部黑色，外侧尾羽黑色，其最基部也为灰色；两胁和腹灰色或灰白色；尾下覆羽栗色；覆腿羽褐色。

　　生活习性：常成对或成小群活动。树栖性，多栖于高大乔木顶枝上，喜不停地在树枝间跳跃，或从一棵树飞到另一棵树。喜鸣叫，叫声尖厉而喧闹。

　　食性：主要以浆果、坚果等植物果实与种子为食，也吃昆虫等动物性食物。

　　繁殖：繁殖期4—6月，主要在山脚平原到海拔2100m的山地森林中繁殖。营巢于树上和灌木上，巢由枯枝和枯草构成。

　　国内分布：分布于西南至华东、华南。

喜鹊 *Pica serica*

雀形目（PASSERIFORMES）>鸦科（Corvidae）>鹊属（*Pica*）

本地分布：力所乡 勐卡镇 勐梭镇 翁嘎科镇 新厂镇 岳宋乡 中课镇

遇见月份：1 2 3 4 5 6 7 8 9 10 11 12

形态特征：体长40～50cm，体重190～266g。雌雄羽色相似，头、颈、背和尾上覆羽辉黑色；后头及后颈稍沾紫；背部稍沾蓝绿色；肩羽纯白色；腰灰色和白色相杂状；翅黑色；初级飞羽内翈具大块白斑，外翈及羽端黑色沾蓝绿光泽；次级飞羽黑色具深蓝色光泽；尾羽黑色，具深绿色光泽，末端具紫红色和深蓝绿色宽带；颏、喉和胸黑色；喉部羽有时具白色轴纹；上腹和胁纯白色；下腹和覆腿羽污黑色；腋羽和翅下覆羽淡白色。

生活习性：除繁殖期间成对活动外，常成3～5只的小群活动，秋冬季节常集成数十只的大群。白天常到农田等开阔地区觅食，傍晚飞至附近高大的树上休息，有时也见与乌鸦、寒鸦混群活动。

食性：食物组成随季节和环境而变化，夏季主要以昆虫等动物性食物为食，其他季节则主要以植物果实和种子为食。

繁殖：繁殖期3—5月。通常营巢于高大乔木上，有时也在村庄附近。每窝产卵5～8枚，有时多至11枚。卵产齐后即开始孵卵，雌鸟孵卵，孵化期16～18d。雏鸟晚成性，雌雄亲鸟共同育雏，30d左右雏鸟即可离巢。

国内分布：除西部地区以外，大部分地区均有分布。

小嘴乌鸦 *Corvus corone*

雀形目（PASSERIFORMES）>鸦科（Corvidae）>鸦属（*Corvus*）

本地分布：力所乡 勐卡镇 勐梭镇 翁嘎科镇 新厂镇 岳宋乡 中课镇

遇见月份：1 2 3 4 5 6 7 8 9 10 11 12

　　形态特征：体长45～53cm，体重360～650g。雌雄羽色相似，额头特别突出。全身羽毛黑色，具紫蓝色金属光泽；头顶羽毛窄而尖；除头顶、枕、后颈和颈侧光泽较弱外，其他包括背、肩、腰、翼上覆羽和内侧飞羽在内的上体均具紫蓝色金属光泽；初级覆羽、初级飞羽和尾羽具暗蓝绿色光泽；飞羽和尾羽具蓝绿色金属光泽；喉部羽毛呈披针形，具有强烈的绿蓝色或暗蓝色金属光泽；其余下体黑色，具紫蓝色或蓝绿色光泽，但明显较上体弱。

　　生活习性：除繁殖期单独或成对活动外，其他季节也少成群或集群不大，通常集3～5只的群。常在河流、农田、湖泊、沼泽和村庄附近活动，取食于矮草地及农耕地，多在树上或电柱上停息。

　　食性：主要以蝗虫、蝼蛄等昆虫和植物果实与种子为食，也吃蛙、蜥蜴、鱼、小型鼠类、雏鸟、鸟卵、腐尸等。

　　繁殖：繁殖期4—6月。营巢于高大乔木顶端枝杈上，巢距地高8～17m。每窝产卵3～7枚，多为4～5枚。孵卵主要由雌鸟承担，孵化期16～18d。孵出后由雌雄亲鸟共同喂养，育雏期30～35d。

　　国内分布：广泛分布于各地。

大嘴乌鸦 *Corvus macrorhynchos*

雀形目（PASSERIFORMES）>鸦科（Corvidae）>鸦属（*Corvus*）

本地分布： 力所乡 勐卡镇 勐梭镇 翁嘎科镇 新厂镇 岳宋乡 中课镇

遇见月份： 1 2 3 4 5 6 7 8 9 10 11 12

形态特征：体长45～54cm，体重415～675g。雌雄相似。全身羽毛黑色；除头顶、枕、后颈和颈侧光泽较弱外，其他包括背、肩、腰、翼上覆羽和内侧飞羽在内的上体均具紫蓝色金属光泽；初级覆羽、初级飞羽和尾羽具暗蓝绿色光泽；下体乌黑色或黑褐色；喉部羽毛呈披针形，具有强烈的绿蓝色或暗蓝色金属光泽。

生活习性：除繁殖期间成对活动外，其他季节多成3～5只或10多只的小群活动，有时也见和秃鼻乌鸦、小嘴乌鸦混群活动，偶尔也见有数十只甚至数百只的大群。多在树上或地上栖息，也栖于电柱上和屋脊上。

食性：主要以蝗虫、金龟甲、金针虫、蝼蛄、蛴螬等昆虫为食，也吃雏鸟、鸟卵、鼠类、腐肉、动物尸体以及植物叶、芽、果实、种子和农作物种子等。

繁殖：繁殖期3—6月。营巢于高大乔木顶部枝杈处，巢距地高5～20m。每窝产卵3～5枚。雌雄亲鸟轮流孵卵，孵化期17～19d。雏鸟晚成性，由雌雄亲鸟共同喂养，留巢期26～30d。

国内分布：分布于除西藏中部和北部、新疆中部之外的各地。

黄腹扇尾鹟 *Chelidorhynx hypoxanthus*

雀形目（PASSERIFORMES）>玉鹟科（Stenostiridae）>黄腹扇尾鹟属（*Chelidorhynx*）

本地分布： 力所乡 勐卡镇 勐梭镇 翁嘎科镇 新厂镇 岳宋乡 中课镇

遇见月份： 1 2 3 4 5 6 7 8 9 10 11 12

形态特征：体长 10～11cm，体重 5～8g。额基、眼先、眼、颊和耳羽黑色；具一道前窄后宽的贯眼纹；耳覆羽轴纹淡色；额和一条宽阔的眉纹鲜黄色；其余上体和翅上覆羽暗橄榄绿褐色或灰褐色，或灰褐色沾绿；头顶、颈侧、腰和尾上覆羽微沾黄色；两翅褐色或暗褐色；大覆羽具白色或淡黄白色端斑；内侧飞羽外翈羽缘橄榄黄绿色；尾褐色，羽轴白色，除中央一对尾羽外，其余尾羽均具宽的白色端斑；下体鲜黄色，尾下覆羽较淡多呈黄白色；胸侧有的微沾褐绿色。

生活习性：常单独或成对活动，喜欢在林中溪流和沟谷沿岸树枝上或灌丛中活动，也在林下灌丛、岩石和林缘路边活动和觅食。性活泼，行动敏捷，不停地在树枝上跳跃或来回在树冠间飞翔。活动时，尾展开成扇形，并左右摆动。

食性：主要以鞘翅目、鳞翅目、直翅目、膜翅目等昆虫为食，也吃蝗虫、甲虫、蜘蛛等其他无脊椎动物。

繁殖：繁殖期5—7月。营巢于森林中离地不高的小树枝杈上。每窝产卵3枚，卵乳白色。

国内分布：分布于西藏南部、东南部，四川西部、西南部和云南大部分地区。

方尾鹟 *Culicicapa ceylonensis*

雀形目（PASSERIFORMES）>玉鹟科（Stenostiridae）>方尾鹟属（*Culicicapa*）

本地分布： 力所乡 勐卡镇 勐梭镇 翁嘎科镇 新厂镇 岳宋乡 中课镇

遇见月份： 1 2 3 4 5 6 7 8 9 10 11 12

形态特征：体长10～13cm，体重6～11g。雌雄羽色相似。额、头顶、枕、后颈暗灰色或黑灰色，有的头顶沾褐色而呈暗褐灰色；头侧、颈侧灰色；背、肩、腰、尾上覆羽亮黄绿色或橄榄绿色；腰部鲜亮色；翅上覆羽橄榄绿黄色；飞羽暗褐色，外翈羽缘黄色，第一枚、第二枚初级飞羽黄色羽缘较窄，其余飞羽黄色羽缘较宽，尤以次级飞羽外翈羽缘较宽阔；尾褐色，尾羽羽缘绿黄色。

生活习性：主要栖息于海拔2600m以下的常绿和落叶阔叶林、针叶林、针阔混交林和山边林缘灌丛与竹林中，尤其喜欢山边、溪流与河谷沿岸的树林和灌丛，也出入于农田、地边和村寨附近的次生林、人工林以及果园。

食性：主要以鞘翅目、鳞翅目、直翅目、膜翅目等昆虫为食，也吃蝗虫、甲虫、蜘蛛等其他无脊椎动物。

繁殖：繁殖期5—8月。巢筑于岸边岩石和树枝上，主要由苔藓、植物纤维构成。每窝产卵3～4枚。

国内分布：分布于西藏、四川、甘肃、陕西、湖北、湖南、贵州、广西、云南、广东等地。

大山雀  *Parus minor*

雀形目（PASSERIFORMES）>山雀科（Paridae）>山雀属（*Parus*）

本地分布：力所乡　勐卡镇　勐梭镇　翁嘎科镇　新厂镇　岳宋乡　中课镇

遇见月份：1　2　3　4　5　6　7　8　9　10　11　12

　　形态特征：体长12～15cm，体重11.8～15.5g。雄鸟前额、眼先、头顶、枕和后颈上部辉蓝黑色；眼以下整个脸颊、耳羽和颈侧白色，呈一近似三角形的白斑；后颈上部黑色沿白斑向左右颈侧延伸，形成一条黑带，与颏、喉和前胸的黑色相连；上背和两肩黄绿色；在上背黄绿色和后颈的黑色之间有一细窄的白色横带；下背至尾上覆羽蓝灰色；中央一对尾羽为蓝灰色，羽干黑色，其余尾羽内翈黑褐色，最外侧一对尾羽白色，仅内翈具宽阔的黑褐色羽缘，次一对外侧尾羽末端具白色楔形斑。

　　生活习性：除繁殖期间成对活动外，秋冬季节多成3～5只或10余只的小群，有时也见单独活动的。除频繁地在枝间跳跃觅食外，它们也能悬垂在枝叶下面觅食，偶尔也飞到空中和下到地上捕捉昆虫。

　　食性：主要以昆虫为食，也吃少量蜘蛛、蜗牛等其他小型无脊椎动物和草籽、花等植物性食物。

　　繁殖：雌雄亲鸟共同营巢，以雌鸟为主，每个巢经5～7d即可筑好。第一窝最早在5月初即有开始产卵的，多数在5月中下旬；第二窝多在6月末至7月初开始产卵，有时边筑巢边产卵。

　　国内分布：分布于除西藏北部、新疆中部外的各地。

绿背山雀 *Parus monticolus*

雀形目（PASSERIFORMES）>山雀科（Paridae）>山雀属（*Parus*）

本地分布： 力所乡 勐卡镇 勐梭镇 翁嘎科镇 新厂镇 岳宋乡 中课镇

遇见月份： 1 2 3 4 5 6 7 8 9 10 11 12

形态特征： 体长10.8～14cm，体重9～19.5g。雄鸟额、头顶以至后颈上部呈亮蓝黑色，后颈两侧各有一道同色的条纹向下延伸，与颏、喉及前胸的黑色相连接；眼先黑色；眼下、面颊、耳羽和颈侧白色，被周围的黑色包围；形成一块明显的三角形白斑；后颈下部具一白斑，后缘至上背间呈黄色；上背和肩黄绿色；腰铅灰色；尾上覆羽暗灰蓝色，羽缘稍淡；尾羽黑褐色，外侧羽片的边缘灰蓝色；飞羽黑褐色，覆羽黑褐色；各羽的端斑相并成两道明显的白色横斑；颏、喉及前胸黑色，略具金属反光；胸侧和腹辉黄色；胁羽辉黄色沾绿色；腹部中央自前胸至尾下覆羽贯以一条黑色纵带；尾下覆羽黑色，具较宽的白色羽端。雌鸟羽色与雄鸟相似，但腹中央的黑色纵带稍较雄鸟狭窄。

生活习性： 主要栖息于海拔1000～4000m的中高山区，常活动于森林或林缘中。

食性： 主要以双翅目、鳞翅目、鞘翅目等昆虫为食，也吃少量植物果实与种子。

繁殖： 繁殖期4—7月。营巢于天然树洞中，也在墙壁和岩石缝隙中营巢。窝卵数通常4～6枚。孵卵由雌鸟承担，雄鸟常带食物喂雌鸟。

国内分布： 分布于西南至华中地区，以及西藏南部和台湾。

黄颊山雀 *Machlolophus spilonotus*

雀形目（PASSERIFORMES）>山雀科（Paridae）>黄山雀属（*Machlolophus*）

本地分布：力所乡 勐卡镇 勐梭镇 翁嘎科镇 新厂镇 岳宋乡 中课镇

遇见月份：1 2 3 4 5 6 7 8 9 10 11 12

　　形态特征：体长12～15cm，体重14～22g。雌鸟和雄鸟相似，但腹部黑色纵带不明显。西藏亚种上体羽色较雄鸟暗淡而少光泽，颏、喉、胸污黑色微缀黄绿色狭缘；华南亚种上体灰色而沾橄榄绿色，颏、喉、胸淡橄榄黄色，腹沾黄绿色，两胁稍暗沾灰，腹部的中央黑带不明显。

　　生活习性：常成对或成小群活动，有时也和大山雀等其他小鸟混群。性活泼，整天不停地在大树顶端枝叶间跳跃穿梭，或在树丛间飞来飞去，也到林下灌丛和低枝上活动和觅食。

　　食性：主要以鳞翅目、鞘翅目昆虫为食，也吃植物果实和种子等植物性食物。

　　繁殖：繁殖期4—6月。营巢于树洞中，也在岩石和墙壁缝隙中营巢，巢主要由苔藓、草茎、草叶、松针、纤维等材料构成，内垫以兽毛、花、棉花、碎片等。每窝产卵3～7枚，卵白色或灰白色，被有暗褐色或红褐色斑点。

　　国内分布：主要分布于四川、贵州、湖南、福建、广东、香港、广西、云南和西藏等地。

黑喉山鹪莺 *Prinia atrogularis*

雀形目（PASSERIFORMES）>扇尾莺科（Cisticolidae）>鹪莺属（*Prinia*）

本地分布：力所乡 勐卡镇 勐梭镇 翁嘎科镇 新厂镇 岳宋乡 中课镇

遇见月份：1 2 3 4 5 6 7 8 9 10 11 12

形态特征：体长15～20cm，体重7～13g。夏羽：前额、头顶至后颈、肩羽和背至尾上覆羽橄榄棕褐色，头顶较暗；白色眉纹由前额两侧伸达后枕；眼先和眼圈灰黑色；颊灰黑色，斑杂棕褐色细纹；耳羽灰棕褐色；翅上覆羽和飞羽表面暗棕褐色，初级飞羽外缘亮棕褐色；尾羽棕褐色，外侧尾羽尖端淡棕色；颏、喉淡棕白色，两侧杂黑褐色细小点斑；胸淡棕白色，或多或少斑杂黑褐色纵纹；腹部中央淡棕白色；两胁和覆腿羽棕黄褐色；腋羽和翅下覆羽淡棕白色。冬羽：上体和下体多染棕黄色，羽色较夏羽鲜亮；胸部的黑色纵纹色较浓。

生活习性：栖息于海拔600～2500m的热带和亚热带低山丘陵及开阔河谷、平原地带的林缘、灌木草丛中。单个或成对活动，秋末冬初常三五只结成家族群活动。

食性：主要以鞘翅目、鳞翅目、直翅目、膜翅目等昆虫为食，也吃其他无脊椎动物，偶尔也吃植物果实和种子。

繁殖：繁殖期5—7月。通常营巢于灌丛中，也有在草丛中营巢的。巢成球状结构，开口于大的一侧，主要由草茎和草叶构成。巢位于植株的下部，离地面约60cm。窝卵数3～5枚。

国内分布：分布于西南至华南地区。

暗冕山鹪莺 *Prinia rufescens*

雀形目（PASSERIFORMES）>扇尾莺科（Cisticolidae）>鹪莺属（*Prinia*）

本地分布： 力所乡 勐卡镇 勐梭镇 翁嘎科镇 新厂镇 岳宋乡 中课镇

遇见月份： 1 2 3 4 5 6 7 8 9 10 11 12

　　形态特征：体长10～13cm，体重4～8g。尾不甚长，眼先及眉纹近白色。繁殖期上体红褐色而头近灰色，下体白色，腹部、两胁及尾下覆羽沾皮黄色。

　　生活习性：主要栖息于海拔1500m以下的低山丘陵和山脚平原地带的灌丛、草地和次生林中，也出入于农田地边和村寨附近的稀树草坡、小树丛、灌丛和草丛。

　　食性：主要以昆虫为食，也吃蜘蛛和其他小型无脊椎动物，偶尔也吃植物果实和种子。

　　繁殖：繁殖期3—9月。营巢主要由雌鸟承担，雄鸟协助。巢距地高多在1m以下，少数距地高1.5m。每窝产卵3～4枚。卵的颜色变化较大，有的为纯白色或蓝色，光滑无斑；有的为粉白色、绿白色、灰绿色，被有淡红褐色斑点。雌雄鸟轮流孵卵，孵化期10～11d。雏鸟晚成性，雌雄亲鸟共同育雏。

　　国内分布：分布于西南至华南地区。

灰胸山鹪莺 *Prinia hodgsonii*

雀形目（PASSERIFORMES）>扇尾莺科（Cisticolidae）>鹪莺属（*Prinia*）

本地分布：力所乡 勐卡镇 勐梭镇 翁嘎科镇 新厂镇 岳宋乡 中课镇

遇见月份：1 2 3 4 5 6 7 8 9 10 11 12

　　形态特征：体长10～12cm，体重4～7g。上体偏灰，飞羽的棕色边缘形成翼上的褐色镶嵌型斑纹；下体白色，具明显的灰色胸带。非繁殖期浅色的眉纹较短，喙较小而色深，尾端白色而非皮黄色，胸部的灰色带斑不明显。

　　生活习性：冬季结群，惧生且藏匿不露，习性似暗冕鹪莺但喜较干燥的环境。

　　食性：主要以昆虫为食，也吃蜘蛛和其他小型无脊椎动物，偶尔也吃植物果实和种子。

　　繁殖：繁殖期4—10月。营巢主要由雌鸟承担，雄鸟协助。巢和缝叶莺的巢很相似，用一片或数片大的叶子，用蜘蛛网和植物纤维将边缘缝合起来形成一圆锥状，然后在里面用细草筑一杯状巢。另一种类型的巢是用草纤维编织成一个深袋状，外面再用蜘蛛网将数枚叶片松散地黏合在一起围在巢外面，巢内再垫以植物绒毛。巢距地高多在1m以下，少数距地高1.5m。每窝产卵3～4枚。卵的颜色变化较大，有的为纯白色或蓝色，光滑无斑；有的为粉白色、绿白色、灰绿色，被有淡红褐色斑点。雌雄鸟轮流孵卵，孵化期10～11d。雏鸟晚成性，雌雄亲鸟共同育雏。

　　国内分布：分布于西南部地区。

黄腹山鹪莺 *Prinia flaviventris*

雀形目（PASSERIFORMES）>扇尾莺科（Cisticolidae）>鹪莺属（*Prinia*）

本地分布：力所乡　勐卡镇　勐梭镇　翁嘎科镇　新厂镇　岳宋乡　中课镇

遇见月份：1　2　3　4　5　6　7　8　9　10　11　12

形态特征：体长12～14cm，体重6～8g。前额至头顶灰褐色，上体其余部分为橄榄褐色，眉纹淡棕白色，颏、喉至上胸乳白色，腹部黄色，两胁和尾下覆羽皮黄色，尾羽黄褐色。两性相似。

生活习性：常单独或成对活动，偶尔也结成3～5只小群。多在灌丛和草丛下部活动和觅食，因而不易见到。主要栖息于山脚和平原地带的芦苇、沼泽、灌丛、草地，也栖于河流、湖泊、水渠和农田地边和村寨附近的稀树草坡、小树丛、灌丛和草丛。

食性：主要以昆虫为食，也吃蜘蛛和其他小型无脊椎动物，偶尔也吃植物果实和种子。

繁殖：繁殖期4—7月。通常营巢于杂草丛间或低矮的灌木上，巢距地高0.3～1m。雌雄亲鸟共同孵卵，孵卵期为15d。雏鸟晚成性，雌雄共同育雏。

国内分布：分布于西南、华南至华东地区。

纯色山鹪莺 *Prinia inornata*

雀形目（PASSERIFORMES）>扇尾莺科（Cisticolidae）>鹪莺属（*Prinia*）

本地分布：力所乡　勐卡镇　勐梭镇　翁嘎科镇　新厂镇　岳宋乡　中课镇

遇见月份：1　2　3　4　5　6　7　8　9　10　11　12

形态特征：体长11～14cm，体重7～11g。全身纯浅黄褐色、尾长的莺。繁殖羽具浅色眉纹，上体灰褐色，飞羽羽缘红棕色，尾长呈凸状，下体淡皮黄白色。非繁殖羽尾较长，上体红棕褐色，下体淡棕色。虹膜浅褐色，喙黑色，脚粉红色。

生活习性：栖息于低山丘陵至山脚平原的水域、农田和果园等周边的灌草丛中。有几分傲气而活泼的鸟，结小群活动，常于树上、草茎间或在飞行时鸣叫。

食性：主要以甲虫、蚂蚁等鞘翅目、膜翅目、鳞翅目昆虫为食，也吃少量小型无脊椎动物和杂草种子等植物性食物。

繁殖：繁殖期5—7月。营巢于草丛和小麦丛中，以草叶丝、植物种毛和蛛丝等材料编织成侧上方开口的囊状巢或深杯状巢。窝卵数4～6枚，由雌雄亲鸟轮流孵化，孵化期11～12d，雏鸟晚成性。

国内分布：分布于西南、华南、华中和东南等广大地区，包括台湾和海南。

长尾缝叶莺 *Orthotomus sutorius*

雀形目（PASSERIFORMES）>扇尾莺科（Cisticolidae）>缝叶莺属（*Orthotomus*）

本地分布： 力所乡 勐卡镇 勐梭镇 翁嘎科镇 新厂镇 岳宋乡 中课镇

遇见月份： 1 2 3 4 5 6 7 8 9 10 11 12

　　形态特征：体长 10～14cm，体重 7～10g。雄鸟前额棕红色，头顶至枕棕橄榄褐色，上体橄榄绿色染黄色，飞羽及尾羽暗褐色；繁殖期雄鸟的中央尾羽特形延长，下体淡皮黄白色。雌鸟与雄鸟相似，但前额棕红色较浅淡，背羽橄榄绿色不如雄鸟艳丽，繁殖期中央尾羽不延长。

　　生活习性：主要栖息于海拔 1000m 以下的低山、山脚和平原地带，尤其喜欢村旁、地边、果园、公园、庭院等人类居住环境附近的小树丛、人工林的灌木丛。常单独或成对活动，有时也见 3～5 只成群。常在树枝叶间或灌木丛与草丛中活动和觅食，也在地上活动和觅食。性活泼，整天不停地在枝叶间跳来跳去，飞上飞下，或从一棵树飞向另一棵树，也能从树上直接飞到地上或从地上飞到树上觅食。活动或休息时，尾常常垂直翘到背上，有时甚至在飞行时亦如此。

　　食性：主要以昆虫为食，也吃蜘蛛、蚂蚁等其他小型无脊椎动物。在食物贫乏季节，也吃少量植物果实和种子。

　　繁殖：繁殖期主要在 5—8 月。通常营巢在海拔 1500m 以下的低山、山脚和平原地带的小树丛和灌丛等开阔地带。

　　国内分布：分布于贵州、广西、湖南、广东、海南、福建等地。

黑喉缝叶莺 *Orthotomus atrogularis*

雀形目（PASSERIFORMES）>扇尾莺科（Cisticolidae）>缝叶莺属（*Orthotomus*）

本地分布：力所乡 勐卡镇 勐梭镇 翁嘎科镇 新厂镇 岳宋乡 中课镇

遇见月份：1 2 3 4 5 6 7 8 9 10 11 12

　　形态特征：体长10～15cm，体重5～7g。雌雄基本相似，是一种小型的顶冠棕色、腹部白色的莺。尾甚长而常上翘，臀黄色，具特征性的偏黑色喉（亚成鸟喉无黑色），上体橄榄绿色，头侧灰色。雌鸟较雄鸟色暗，头少红色且喉少黑色。

　　生活习性：主要栖息于海拔1000m以下的低山、山脚、平原地带、林缘疏林、次生林、河漫滩及林园。多单独或成对活动，性胆怯而善于隐藏，常在茂密灌木和草丛下部活动和觅食，叫声单调尖锐。

　　食性：主要以毛虫、蚱蜢等鞘翅目、鳞翅目、直翅目等昆虫为食，也吃蜘蛛等其他无脊椎动物。

　　繁殖：繁殖期5—7月。常营巢于沟谷农田和林缘地区的树木和灌丛中。每窝产卵3～5枚。雌雄轮流孵卵，雏鸟晚成性。

　　国内分布：分布于云南南部和广西南部。

家燕 *Hirundo rustica*

雀形目（PASSERIFORMES）>燕科（Hirundinidae）>燕属（*Hirundo*）

本地分布：力所乡 勐卡镇 勐梭镇 翁嘎科镇 新厂镇 岳宋乡 中课镇

遇见月份：1 2 3 4 5 6 7 8 9 10 11 12

　　形态特征：体长13～19cm，体重14～22g。雌雄相似。前额深栗色；上体从头顶一直到尾上覆羽均为蓝黑色，富有金属光泽；两翼小覆羽、内侧覆羽和内侧飞羽也为蓝黑色，富有金属光泽；初级飞羽、次级飞羽和尾羽黑褐色微具蓝色光泽，飞羽狭长；尾长，呈深叉状；最外侧一对尾羽特形延长，其余尾羽由两侧向中央依次递减，除中央一对尾羽外，所有尾羽内翈均具一大型白斑；飞行时，尾平展，其内翈上的白斑相互连成"V"字形；颏、喉和上胸栗色或棕栗色，其后有一黑色环带，有的黑环在中段被侵入栗色中断；下胸、腹和尾下覆羽白色或棕白色，也有呈淡棕色和淡赭桂色的，随亚种而不同，但均无斑纹。

　　生活习性：善飞行，整天大多数时间都成群地在村庄及其附近的田野上空不停地飞翔。活动范围不大，通常在栖息地2km²范围内活动。

　　食性：主要以昆虫为食。

　　繁殖：繁殖期4—7月。每窝产卵4～5枚。

　　国内分布：广泛分布于各地。

岩燕 *Ptyonoprogne rupestris*

雀形目（PASSERIFORMES）>燕科（Hirundinidae）>岩燕属（*Ptyonoprogne*）

本地分布： 力所乡 勐卡镇 勐梭镇 翁嘎科镇 新厂镇 岳宋乡 中课镇

遇见月份： 1 2 3 4 5 6 7 8 9 10 11 12

形态特征：体长12.7～17.5cm，体重18～28g。头顶暗褐色；头侧、后颈、颈侧、上体包括尾上覆羽、翅上小覆羽和内侧翅上大覆羽褐灰色；两翅和尾暗褐灰色；尾羽短，微内凹近似方形，除中央一对和最外侧一对尾羽无白斑外，其余尾羽内侧近端部1/3处有一大型白斑；颏、喉和上胸污白色；下胸和腹深棕砂色；两胁、下腹和尾下覆羽暗烟褐色。

生活习性：主要栖息于海拔1500～5000m的高山峡谷地带，尤喜陡峻的岩石悬崖峭壁。喜在湖泊、鱼池、沼泽、水库、江河等的水面上方飞行。活动于山谷、山前旷地或沿河流在空中飞行。

食性：以金龟子、蚊、姬蜂、虻、蚁、蝇、甲虫等昆虫为食。

繁殖：繁殖期5—7月。营巢于临近江河、湖泊、沼泽等水域附近的山崖上或岩壁缝隙中。窝卵数为3～5枚。孵化期14～15d，育雏期19～20d，雌雄共同育雏。

国内分布：分布于除新疆北部、青藏高原中部、东南和东北地区以外的大部分地区。

烟腹毛脚燕 *Delichon dasypus*

雀形目（PASSERIFORMES）>燕科（Hirundinidae）>毛脚燕属（*Delichon*）

本地分布：力所乡 勐卡镇 勐梭镇 翁嘎科镇 新厂镇 岳宋乡 中课镇

遇见月份： 1 2 3 4 5 6 7 8 9 10 11 12

形态特征：体长10～12cm，体重10～15g。雌雄羽色相似。上体自额、头顶、头侧、背、肩均为黑色；头顶、耳覆羽、上背具蓝黑色金属光泽；后颈羽毛基部白色，有时显露于外；下背、腰和短的尾上覆羽白色，具细的褐色羽干纹；尾上覆羽黑褐色，羽端微具金属光泽；尾羽黑褐色，尾呈浅叉状；两翅飞羽和覆羽黑褐色，具蓝色金属光泽；下体自颏、喉到尾下覆羽均为烟灰白色；胸和两胁缀有更多烟灰色；尾下覆羽具细的黑色羽干纹；尾下覆羽灰色，具宽的白色边缘。

生活习性：单独或集小群活动，与其他燕或金丝燕混群。比其他燕更喜留在空中，多见其于高空翱翔。会发出兴奋的嘶嘶叫声，似毛脚燕。

食性：主要以蚂蚁、蝉等昆虫为食。

繁殖：繁殖期4—8月，每年繁殖1～2次，窝卵数2～5枚，孵化期12～14d。雏鸟晚成性，双亲共同育雏，育雏期19～22d。

国内分布：分布于除新疆、西藏外的大部分地区。

金腰燕 *Cecropis daurica*

雀形目（PASSERIFORMES）>燕科（Hirundinidae）>斑燕属（*Cecropis*）

本地分布： 力所乡 勐卡镇 勐梭镇 翁嘎科镇 新厂镇 岳宋乡 中课镇

遇见月份： 1 2 3 4 5 6 7 8 9 10 11 12

形态特征：体长15～21cm，体重15～31g。雌雄羽色相似。上体从前额、头顶一直到背均为蓝绿色而具金属光泽；有的后颈杂有栗黄色或棕栗色，形成领环，有的后颈微杂棕栗色；腰栗黄色或棕栗色，具有不同程度的黑色羽干纹，有的腰部黑色羽干纹不明显或几无纵纹；尾长，尾呈深叉状；尾羽为黑褐色，最外侧一对尾羽最长，往内依次缩短，除最外侧一对尾羽外，其余尾羽外侧微具蓝黑色金属光泽；两翅小覆羽和中覆羽与背同色，其余外侧覆羽和飞羽黑褐色，内侧羽缘稍淡，外侧微具光泽；眼先棕灰色，羽端沾黑色；颊和耳羽棕色具暗褐色羽干纹；下体棕白色，满杂以黑色纵纹；尾下覆羽纵纹细而疏，羽端亦为辉蓝黑色。

生活习性：生活习性与家燕相似，栖息于低山及平原的居民点附近。生活于山脚坡地、草坪，也围绕树林附近有轮廓的平房、高大建筑物、工厂飞翔。栖于空旷地区的树上，尤其喜栖于无叶的枝条或枯枝。通常出现于平地至低海拔之空中或电线上。结小群活动。飞行时，振翼较缓慢且比其他燕更喜高空翱翔。善飞行，飞行迅速敏捷。

食性：主要以昆虫为食，常见食物种类有双翅目、鳞翅目、膜翅目、鞘翅目、同翅目、蜻蜓目等昆虫。

繁殖：繁殖期4—9月。营巢于建筑物隐蔽处。每年可繁殖2次，每窝产卵4～6枚，孵化期约17d，在巢期26～28d。

国内分布：分布于除内蒙古西部、甘肃西部、青藏高原中西部外的大部分地区。

斑腰燕 *Cecropis striolata*

雀形目（PASSERIFORMES）>燕科（Hirundinidae）>斑燕属（*Cecropis*）

本地分布： 力所乡 勐卡镇 勐梭镇 翁嘎科镇 新厂镇 岳宋乡 中课镇

遇见月份： 1 2 3 4 5 6 7 8 9 10 11 12

形态特征：体长17～19cm，体重20～29g。雌雄羽色相似。上体从前额、头顶、后颈直到背和翅上小覆羽均为蓝黑色，具金属光泽；背部较黑褐色，羽基白色且常显露于外；腰深栗色，具粗著的黑色羽干纹或羽干纹不明显，下腰栗色较淡；尾上覆羽黑色，尾黑褐色，最外侧一对尾羽最长，向内依次逐渐缩短，尾呈深叉状；飞羽黑褐色，羽轴富有光泽，羽缘缀有乳白色狭边；眼先黑色；颊、眼后上方和头侧栗色；下体白色；颏、喉和上胸微缀棕色具细密的黑色纵纹；下胸和腹淡赭桂色；尾下覆羽基部白色，先端黑褐色，在腰和胁交界处通常有一辉亮黑斑。

生活习性：主要栖息于低山丘陵和山脚平原带的村寨和临近山岩地带。似其他燕，但更喜近耕作区的低地。结小群活动，飞行时振翼较缓慢且比其他燕更喜高空翱翔。

食性：主要以昆虫为食，常见食物种类有双翅目、鳞翅目、膜翅目、鞘翅目、同翅目、蜻蜓目等昆虫。

繁殖：繁殖期4—7月。多数1年繁殖2窝，第一窝通常在4—6月，第二窝多在6—7月。

国内分布：分布于云南西部、南部和台湾。

凤头雀嘴鹎 *Spizixos canifrons*

雀形目（PASSERIFORMES）>鹎科（Pycnonotidae）>雀嘴鹎属（*Spizixos*）

本地分布： 力所乡 勐卡镇 勐梭镇 翁嘎科镇 新厂镇 岳宋乡 中课镇

遇见月份： 1 2 3 **4** 5 6 7 **8** 9 **10** 11 12

形态特征：体长17～22cm，体重30～58g。额和头顶前部灰色，头顶和头顶上的冠羽、眼先及眼周均黑色；耳羽灰色或微沾烟褐色；后头和颈侧污灰色；背、肩、两翅覆羽等上体橄榄绿色，腰和尾上覆羽橄榄绿色浅而发亮；飞羽黑褐色，外侧飞羽外翈缀亮橄榄绿色；尾羽黄绿色，具宽的黑色端斑；颏和颊黑灰相杂；喉暗灰或灰褐色；其余下体黄绿色。

生活习性：留鸟，不迁徙。栖息在海拔1000～3000m的山地阔叶林、针阔混交林、次生林、林缘疏林、竹林、稀树灌丛和灌丛草地等各类生境中，尤以林缘疏林和沟谷地带较常见，有时也出现在村寨和田边附近丛林中或树上。常成对或成3～5只的小群活动，冬季也常集成10只以上的大群。多在森林中层小树和灌木丛上活动和觅食，但也到高大乔木冠层和林下灌木层活动和觅食。

食性：动物性食物以昆虫为主，常见种类有鞘翅目和鳞翅目昆虫。植物性食物主要为植物果实、种子等。

繁殖：繁殖期4—7月。通常营巢于林下植物发达的常绿阔叶林中。巢多置于林下1.5～3m的小树或高的灌木上。巢呈浅杯状，主要由草茎、草根、苔藓、卷须等构成。每窝产卵2～4枚。

国内分布：分布于云南中部、西部、南部和四川西南部。

纵纹绿鹎 *Pycnonotus striatus*

雀形目（PASSERIFORMES）>鹎科（Pycnonotidae）>鹎属（*Pycnonotus*）

本地分布： 力所乡 | 勐卡镇 | 勐梭镇 | 翁嘎科镇 | 新厂镇 | 岳宋乡 | 中课镇

遇见月份： 1 2 3 4 5 6 7 8 9 10 11 12

　　形态特征：体长19～25cm，体重42～62g。额基和眼先上方绿黄色，眼先黄色，眼周浅黄色；颊和耳羽暗灰褐色，具污白色纵纹；其余头从额到枕，包括羽冠橄榄绿褐色，有的标本呈暗褐色，具白色羽干纹；上体包括两翅表面和尾上覆羽橄榄绿色，枕、上背、肩具宽的白色纵纹，往后白色纵纹逐渐变窄，到尾上覆羽仅羽轴为白色；尾羽暗褐色，外翈橄榄绿色，往尖端逐渐变为橄榄褐色，外侧2～4枚尾羽内翈先端淡黄色，尾羽下面橄榄黄绿色；颏为黄色或橄榄黄色；喉部亦为黄色，但较淡呈淡黄色，羽端缀暗灰黑色小斑点；胸、颈侧和两胁暗灰褐色，具宽的黄白色纵纹，至腹中央灰褐色渐淡，黄色增加，纵纹不显；尾下覆羽鲜黄色。

　　生活习性：栖于海拔1000～2500m的山区常绿林。喜欢成群活动，通常待在高大乔木顶部、小树和灌丛中。一般在栖息地附近短距离飞行，即使遇到状况，也只会多飞10m左右就停下，在空旷的地方飞得较快、较远。喜欢鸣叫，叫声清脆高亢。性活泼，6～15只鸟结成吵嚷群体。

　　食性：食物以植物果实为主。

　　繁殖：繁殖期5—7月。通常营巢于茂密森林中。巢多置于林下竹丛和灌木丛中，距地高0.8～1.5m，隐蔽甚好。巢为杯状，主要由细枝、草茎、草根等材料构成，有的还有苔藓、蛛网等材料，内垫有细草茎和草根。每窝产卵3枚，卵白色并具粉红色斑点。

　　国内分布：分布于西藏东南部，云南西部、南部和广西南部。

黑冠黄鹎 *Pycnonotus melanicterus*

雀形目（PASSERIFORMES）>鹎科（Pycnonotidae）>鹎属（*Pycnonotus*）

本地分布： 力所乡　勐卡镇　勐梭镇　翁嘎科镇　新厂镇　岳宋乡　中课镇

遇见月份： 1　2　3　4　5　6　7　8　9　10　11　12

　　形态特征：体长17～21cm，体重25～42g。整个头、颈、颏、喉全为黑色，具蓝色金属光泽；头顶具直立而显著的黑色羽冠；其余上体包括翼上覆羽和尾上覆羽橄榄黄色；尾羽暗褐色，外翈大部分具橄榄黄色狭缘；两翅黑褐色，除外侧几对飞羽外，其余飞羽外翈黄色；下体鲜橄榄黄色；胸和两胁较深暗；翼缘鲜黄色，翼下覆羽黄白色。

　　生活习性：留鸟，不迁徙。常集5～6只的小群活动，有时也与其他小鸟混群。多在小树和灌丛上活动和觅食，很少到高大的乔木上活动和觅食。

　　食性：主要以植物性食物为主。

　　繁殖：繁殖期1—9月。通常营巢于茂密的森林中，也在林下植物发达的疏林中营巢。巢多置于灌木和藤本植物上，距地高1～3m，通常在1.2～1.5m。巢为杯状，由枯草茎、枯草叶、细的枯枝、强根等材料构成，内垫细的草茎和草根。每窝产卵2～4枚。孵卵由雌雄亲鸟轮流承担，孵化期12～14d。雏鸟晚成性。

　　国内分布：分布于西藏东南部，云南西部、南部，以及广西西部、南部。

红耳鹎 *Pycnonotus jocosus*

雀形目（PASSERIFORMES）>鹎科（Pycnonotidae）>鹎属（*Pycnonotus*）

本地分布：力所乡 勐卡镇 勐梭镇 翁嘎科镇 新厂镇 岳宋乡 中课镇

遇见月份：1 2 3 4 5 6 7 8 9 10 11 12

形态特征：体长16～24cm，体重16～43g。颊、喉白色，喉和颊部白色之间有一黑色细线，从喙基沿颊部白斑一直延伸到耳羽后侧；其余下体白色或近白色；两胁沾浅褐色或淡烟棕色；胸两侧各有一较宽的暗褐色或黑色横带，自下颈开始经胸侧向胸中部延伸，且形渐细狭，最后中断于胸部中央，形成不完整的胸带；尾下覆羽鲜红色或橙红色。

生活习性：常见留鸟。栖息于村落、农田附近的树林、灌丛及城镇的公园。性活泼，喜欢结群活动，常呈10多只的小群活动，有时也集成20～30只的大群，有时也见和红臀鹎、黄臀鹎混群活动。整天多数时候都在乔木树冠层或灌丛中活动和觅食。

食性：主要以植物性食物为主。常见啄食乔木和灌木种子、果实、花和草籽，尤喜食榕树、棠李、石楠、蓝靛等植物果实。动物性食物主要为鞘翅目、鳞翅目、直翅目和膜翅目等昆虫。

繁殖：繁殖期4—8月。通常营巢于灌丛、竹丛和果树等低矮树上，巢多置于灌木或竹丛枝权间，营巢高度0.8～2m。窝卵数2～4枚，孵化期12～14d。

国内分布：分布于西藏东南部、云南南部、贵州南部、广西西南部和广东等地。

黄臀鹎 *Pycnonotus xanthorrhous*

雀形目（PASSERIFORMES）>鹎科（Pycnonotidae）>鹎属（*Pycnonotus*）

本地分布：力所乡 勐卡镇 勐梭镇 翁嘎科镇 新厂镇 岳宋乡 中课镇

遇见月份：1 2 3 4 5 6 7 8 9 10 11 12

形态特征：体长17～22cm，体重27～43g。额、头顶、枕、眼先、眼周均为黑色，额和头顶微具光泽；下喙基部两侧各有一红色小斑点；耳羽灰褐色或棕褐色；背、肩、腰至尾上覆羽土褐色或褐色；两翅和尾暗褐色；飞羽具淡色羽缘；尾羽具不明显的明暗相间的横斑或无此横斑，有的外侧尾羽具窄的白色尖端；颏、喉白色，喉侧具不明显的黑色髭纹；其余下体污白色或乳白色；上胸灰褐色，形成一条宽的灰褐色或褐色环带；两胁灰褐色或烟褐色；尾下覆羽深黄色或金黄色。

生活习性：常作季节性的垂直迁移。除繁殖期成对活动外，其他季节均成群活动，晚上成群、成排地栖息在树枝或竹枝上过夜。通常3～5只一群，亦见有10多只至20只的大群。主要栖息于中低山和山脚平坝与丘陵地区的次生阔叶林、栎林、混交林和林缘地区，尤其喜欢沟谷林、林缘疏林灌丛、稀树草坡等开阔地区，也出现于竹林、果园、农田地边与村落附近的小块丛林和灌木丛中，不喜欢茂密的大森林。

食性：主要以植物果实与种子为食，也吃昆虫等动物性食物。

繁殖：繁殖期4—7月。通常营巢于灌木或竹丛间，也在林下小树上营巢。巢距地高0.6～1.5m，有时也置巢在距地1.5m～2.5m高的树枝权上。每窝产卵2～5枚。

国内分布：分布于甘肃、陕西、河南及长江流域以南，西至四川、西藏、云南以东等地。

黑喉红臀鹎 *Pycnonotus cafer*

雀形目（PASSERIFORMES）>鹎科（Pycnonotidae）>鹎属（*Pycnonotus*）

本地分布： 力所乡 勐卡镇 勐梭镇 翁嘎科镇 新厂镇 岳宋乡 中课镇

遇见月份： 1 2 3 4 5 6 7 8 9 10 11 12

　　形态特征：体长19～24cm，体重34～54g。额至头顶黑色，富有金属光泽；头顶具短的黑色羽冠；后颈至背、肩暗褐色至黑暗褐色，具宽的灰色羽缘；腰暗褐色或灰褐色；尾上覆羽白色或近白色；尾黑色，具白色端斑；翅上覆羽与背同色；飞羽暗褐色，除外侧飞羽外，大多具灰色羽缘；眼先、眼周、喙基、额、喉黑色；胸暗褐色至栗褐色，具灰白色羽缘；腹白色；尾下覆羽血红色。

　　生活习性：栖息于开阔山坡、平坝的次生阔叶林、灌木草丛等地。典型的群栖性吵嚷鹎类，3～5只或10余只为群。主要在灌木上或草地上觅食，有时也在空中飞行捕食昆虫。

　　食性：主要以植物果实、种子和昆虫为食。夏季食物以昆虫为主，其他季节多以植物性食物为主。冬季除吃植物果实与种子外，也吃部分嫩芽、嫩叶。

　　繁殖：一般5月上旬筑碗形巢，5月中旬成巢，6月下旬产卵。每窝产卵3枚。卵呈卵圆形，玫红或粉红色，缀暗玫红或紫红斑，长径1.9～2.5cm，短径1.4～1.7cm。孵化期约14d。

　　国内分布：分布于西藏东南部和云南西部、南部。

白喉红臀鹎 *Pycnonotus aurigaster*

雀形目（PASSERIFORMES）>鹎科（Pycnonotidae）>鹎属（*Pycnonotus*）

本地分布：力所乡 勐卡镇 勐梭镇 翁嘎科镇 新厂镇 岳宋乡 中课镇

遇见月份：1 2 3 4 5 6 7 8 9 10 11 12

形态特征：体长18～24cm，体重28～52g。前额、头顶、枕黑色，富有光泽；眼先、眼周、喙基也为黑色；耳羽银灰色或灰白色，有的沾灰褐或棕褐色；背、肩褐色或灰褐色，具宽的灰色或灰白色羽缘；腰灰褐色；尾上覆羽灰白色，尾羽黑褐色，先端白色，中央尾羽微具白端；两翅暗褐色，除外侧飞羽外，其余飞羽外翈具浅灰色羽缘；颏及上喉黑色，下喉白色，其余下体污白色或灰白色，有的微沾灰色；尾下覆羽血红色。

生活习性：留鸟，栖息地较固定，一般不做长距离飞行。多在相邻树木或树头间来回飞翔。晚上常成群栖息在一起，觅食时才开始分散，但彼此仍通过叫声保持松散的群。常呈3～5只或10多只的小群活动，有时也与红耳鹎或黄臀鹎混群。性活泼，善鸣叫，或跳跃于树枝枝头间，或站在树上或灌木上引颈高歌，鸣声清脆响亮。

食性：以植物性食物为主。植物性食物主要有浆果、榕果、核果、草莓、悬钩子、坚果、豌豆、紫浆果、洋海椒种子，以及花、叶和其他植物种子。动物性食物主要有甲虫、蚊、蚂蚁等鞘翅目、膜翅目、鳞翅目和直翅目昆虫。

繁殖：繁殖期5—7月。营巢于灌丛中或小树上，巢距地高0.8～1.5m。每窝产卵2～3枚。卵玫瑰红色或粉红色，被深浅不一的暗玫瑰红色或紫红色斑点，尤以钝端较密。

国内分布：分布于西南、华南和东南地区。

黄绿鹎 *Pycnonotus flavescens*

雀形目（PASSERIFORMES）>鹎科（Pycnonotidae）>鹎属（*Pycnonotus*）

本地分布：力所乡 勐卡镇 勐梭镇 翁嘎科镇 新厂镇 岳宋乡 中课镇

遇见月份： 1 2 3 4 5 6 7 8 9 10 11 12

　　形态特征：体长19～22cm，体重30～40g。前额、头顶暗褐色，具灰色羽缘，尤以头顶前半部较为明显，头顶后部沾橄榄绿色；背、肩、腰等上体橄榄绿褐色，腰部缀有黄色；翅上覆羽橄榄褐色，飞羽羽缘橄榄绿色；尾羽橄榄褐色，具暗褐色羽轴纹和橄榄绿色羽缘，外侧尾羽先端略浅或具黄白色先端；眼先黑色，其上方有一短的白色或黄白色眉纹；颊和耳羽灰绿色或灰褐色；颏和上喉淡灰色或污白色；下喉、胸和两胁灰色或灰褐色，具橄榄黄色羽缘，形成不明显的若隐若现的纵纹；下胸微缀色或转为污黄色；腹暗黄色；肛周和尾下覆羽鲜黄色，翼缘黄色，翼下覆羽黄褐色或浅褐灰色。

　　生活习性：常见活动于林缘、灌丛、稀树草坡、竹丛、农田地边、果园、溪边和附近开阔的疏林与灌丛中。常呈几只或10余只的小群活动，有时也集成30只以上的大群。性活泼，善鸣叫，多在高大乔木树冠层或林下小树及灌木上活动和觅食，有时也见停息在草地、地边孤树和电线上。

　　食性：主要以核果、浆果、草籽等植物果实与种子为食，也吃膜翅目、鞘翅目、鳞翅目等昆虫。

　　繁殖：繁殖期4—6月。营巢于森林中。巢多置于林下小灌木上，隐蔽甚好，不易看见。每窝产卵2～4枚，雌雄轮流孵卵。雏鸟晚成性。

　　国内分布：广泛分布于中部及南部地区。

黄腹冠鹎 *Alophoixus flaveolus*

雀形目（PASSERIFORMES）>鹎科（Pycnonotidae）>冠鹎属（*Alophoixus*）

本地分布： 力所乡 | 勐卡镇 | 勐梭镇 | 翁嘎科镇 | 新厂镇 | 岳宋乡 | 中课镇

遇见月份： 1 2 3 4 5 6 7 8 9 10 11 12

形态特征：体长18～24cm，体重为40～72g。前额基部灰色，前额至头顶逐渐变为褐色，羽端缀橄榄黄色；背、肩、腰等上体橄榄黄色；尾上覆羽沾棕色，尾羽暗棕褐色，外侧尾羽先端较浅淡；两翅覆羽棕褐色，羽缘缀橄榄黄色；飞羽暗褐色或褐黑色，外翈暗茶黄色，内侧飞羽内外翈均为暗茶黄色；眼先和眼周灰白色；耳羽和颊也为灰白色，有的微缀褐灰色；颏、喉白色；其余下体包括尾下覆羽鲜黄色；两胁橄榄褐色；有的胸部也沾橄榄褐色；羽缘黄色，尾下覆羽淡黄色。

生活习性：常呈3～5只或10余只的小群活动于高大乔木上或林下灌木上，也常到林缘疏林和灌丛中活动。有时也和山椒鸟、鹪鹛、凤鹛等混群活动。喜鸣叫，鸣声清脆婉转。在乔木和灌木树上觅食，很少到地面上活动和觅食。停栖时尾全扇开。

食性：主要以植物果实和种子为食，也吃昆虫。

繁殖：繁殖期5—7月。通常营巢于靠近溪流附近的林下灌木或小树上，巢距地高1.2～3m。巢呈杯状，主要由草茎、草叶和细根等构成，内垫以竹叶、细根。每窝产卵2～4枚，多为3枚。

国内分布：分布于西藏东南部和云南西部、南部。

白喉冠鹎 *Alophoixus pallidus*

雀形目（PASSERIFORMES）>鹎科（Pycnonotidae）>冠鹎属（*Alophoixus*）

本地分布： 力所乡　勐卡镇　勐梭镇　翁嘎科镇　新厂镇　岳宋乡　中课镇

遇见月份： 1　2　3　4　5　6　7　8　9　10　11　12

形态特征： 体长19.5～25.5cm，体重40～60g。头顶和冠羽褐色或红褐色；眼先、眼周、颊、耳羽、头侧灰色或褐灰色；虹膜褐色或暗褐色；喙深蓝灰色，上喙暗褐色或黑色，下喙铅灰色或淡黄色；跗跖暗肉色或肉灰色；上体橄榄绿褐色；尾上覆羽棕色；翼上覆羽橄榄绿褐色；飞羽暗褐色，外翈除先端外大部分呈暗茶黄色，最内侧飞羽暗茶褐色；尾羽棕褐色，具不明显的横纹，外侧尾羽端部略浅；颏、喉白色；其余下体橄榄黄色；胸和两胁沾灰褐色，有的具乳白色或黄色轴纹；尾下覆羽皮黄色；翼缘和翼下覆羽黄白色或浅皮黄色。

生活习性： 主要栖息于海拔1500m以下的低山丘陵阔叶林、次生林、常绿阔叶林、季雨林和雨林中，尤以溪流、沟谷沿岸较为开阔的次生阔叶林较常见。常成小群活动在乔木树冠层，也到林下灌木层活动和觅食；很少到地上活动，有时也见在林缘或林外一些散生的树木上活动。

食性： 主要以植物果实与种子等植物性食物为食，也吃象甲、瓢甲、蝉、蜂、蝗虫等鞘翅目、鳞翅目、直翅目昆虫和蜘蛛等其他小型无脊椎动物。

繁殖： 繁殖期5—6月。通常营巢于阔叶林中，巢多置于林下灌木或藤条上。每窝产卵2～4枚。卵深红色，具血红色斑点。

国内分布： 分布于云南西南部、南部、东南部，贵州及广西等地。

灰眼短脚鹎 *Iole propinqua*

雀形目（PASSERIFORMES）>鹎科（Pycnonotidae）>伊俄勒短脚鹎属（*Iole*）

本地分布：力所乡 勐卡镇 勐梭镇 翁嘎科镇 新厂镇 岳宋乡 中课镇

遇见月份：1 2 3 4 5 6 7 8 9 10 11 12

形态特征：体长16～21cm，体重20～35g。额和头顶暗棕褐色，先端缀以灰色；虹膜沙黄色、银灰色到白色；上喙灰褐色、黑灰色到暗褐色，下喙灰色；脚肉色、蜡黄色、肉灰色至暗褐色；上体橄榄色而缀有绿色；尾上覆羽棕褐色，尾也为棕褐色，有不明显的忽隐忽现的横斑，外翈稍缀橄榄绿色；两翼黑褐色，羽缘橄榄绿黄色，翼上覆羽与上体同色，但翼表面较上体多显橄榄黄色；眼先和颊橄榄黄色；耳羽较深而缀有褐色，有的还具有淡色羽轴纹；颏、喉灰白色；胸沾淡橄榄绿色；两胁沾灰色；腹中央黄色；尾下覆羽桂黄色；整个下体自颏至腹微具不甚明显的浅黄色纵纹。

生活习性：主要栖息于海拔1500m以下的山脚平原和低山丘陵地区的次生阔叶林、常绿阔叶林、灌丛和稀树草坡等较为开阔的疏林地区，也出没于果园、地边等人类居住环境附近的丛林、灌丛以及一些分散的孤树上。性喜成群，通常每群多为10余只至20多只，大多活动在乔木中下层枝叶间和林下灌木及小树上。

食性：主要以草莓、榕果、草籽、核果等植物果实和种子为食，也吃鞘翅目、鳞翅目、同翅目、膜翅目等昆虫。

繁殖：在树上编碗状巢，产卵4～5枚。由双亲孵化，孵化期12～15d，育雏期约15d。

国内分布：分布于广西及云南等地。

绿翅短脚鹎 *Ixos mcclellandii*

雀形目（PASSERIFORMES）>鹎科（Pycnonotidae）>纹胸鹎属（*Ixos*）

本地分布： 力所乡 勐卡镇 勐梭镇 翁嘎科镇 新厂镇 岳宋乡 中课镇

遇见月份： 1 2 3 4 5 6 7 8 9 10 11 12

　　形态特征：体长19～26cm，体重26～50g。额至头顶、枕栗褐色或棕褐色；羽形尖，先端具明显的白色羽轴纹，到头顶后部白色羽轴纹逐渐不显或消失；颈浅栗褐色；背、肩、腰橄榄绿色、橄榄褐色或灰褐色，微沾橄榄绿色或橄榄棕色；尾橄榄绿色；两翅覆羽橄榄绿色；飞羽暗褐色或黑褐色，外翈橄榄绿色；眼先沾灰白色；耳羽、颊锈色或红褐色，颈侧较耳羽稍深；颏、喉灰色，胸浅棕或灰棕色，从颏至胸有白色纵纹；其余下体棕白色或淡棕黄色；两胁淡灰棕色；尾下覆羽淡黄色；翼缘淡黄或橄榄绿色，翼下覆羽棕白色。

　　生活习性：栖息在海拔1000～3000m的山地阔叶林、针阔混交林、次生林、林缘疏林、竹林、稀树灌丛和灌丛草地等各类生境中，尤以林缘疏林和沟谷地带较常见，有时也出现在村寨和田边附近丛林中或树上。常呈3～5只或10多只的小群活动。

　　食性：主要以野生植物果实与种子为食，也吃部分昆虫。植物性食物主要有野樱桃、乌饭果、榕果、草莓、黄泡果、蔷薇果、鸡树子果、草籽等。动物性食物主要有鞘翅目、蜂、同翅目、双翅目、蚱蜢、斑蝥等昆虫。

　　繁殖：繁殖期5—8月。营巢于乔木侧枝上或林下灌木和小树上，巢距地高1.2～12m。每窝产卵2～4枚。卵灰白色、灰色或黄色，微缀紫色或红色斑点。

　　国内分布：分布于长江流域及其以南的大多数地区。

灰短脚鹎 *Hemixos flavala*

雀形目（PASSERIFORMES）>鹎科（Pycnonotidae）>灰短脚鹎属（*Hemixos*）

本地分布： 力所乡 勐卡镇 勐梭镇 翁嘎科镇 新厂镇 岳宋乡 中课镇

遇见月份： 1 2 3 4 5 6 7 8 9 10 11 12

形态特征：体长19～24cm，体重27～40g。头顶和短的羽冠黑褐色或暗灰色；虹膜褐色或红棕色；喙、脚黑色；上体暗灰褐色或灰色；翼上覆羽褐黑色，初级覆羽外翈具窄的橄榄黄色羽缘，大覆羽和中覆羽外翈大都呈橄榄黄色，小覆羽黑褐色或暗灰色；飞羽暗褐色，内侧飞羽外翈橄榄黄色，与覆羽的橄榄黄色在翼上形成大的黄绿色翼斑；尾暗褐色，羽缘沾橄榄绿色；眼先、颊黑色；耳羽灰褐色或栗褐色；颏、喉白色；颈侧、胸、两胁灰色；腹中央和尾下覆羽白色。

生活习性：通常在乔木树冠层或林下灌木上活动和觅食，有时喜欢悬吊在柔软的细枝枝头荡来荡去。常成对或成3～5只的小群活动，有时也集成多至30～40只的大群。除繁殖季节多在海拔1000m以上的茂密森林中活动外，其他时候多在低山和山脚平原等开阔地带的疏林、林缘、竹丛和灌丛中活动。

食性：主要以植物性食物为食，尤以植物果实和种子为主；动物性食物主要有甲虫、膜翅目昆虫、蚂蚁、直翅目昆虫以及蜘蛛等。

繁殖：繁殖期主要是在雨季，通常在6—8月。在繁殖期，雄鸟会在自己的领地上筑巢，来吸引雌鸟。巢穴通常筑在低矮的灌木丛中，由细草、树叶和树皮等材料构建而成。雌鸟会在巢内产下2～5枚卵，孵化期为13～14d。幼鸟出生后，由雌鸟和雄鸟一起照顾，直到幼鸟能够飞行和自理。

国内分布：分布于西藏东南部、南部和云南西部、西南部等地。

黑短脚鹎 *Hypsipetes leucocephalus*

雀形目（PASSERIFORMES）>鹎科（Pycnonotidae）>短脚鹎属（*Hypsipetes*）

本地分布： 力所乡 勐卡镇 勐梭镇 翁嘎科镇 新厂镇 岳宋乡 中课镇

遇见月份： 1 2 3 4 5 6 7 8 9 10 11 12

形态特征：体长21～26cm，体重41～67g。羽色变化较大，基本上可以分为两种类型。一种类型：前额、头顶、头侧、颈、颏、喉等整个头、颈部均为白色（东南亚种），有的白色一直到胸（四川亚种）；其余上体从背至尾上覆羽黑色，羽缘具蓝绿色光泽；翅上覆羽与背同色；飞羽和尾羽黑褐色；下体自胸或自腹往后黑褐色或黑色；尾下覆羽暗褐色，具灰白色羽缘。另一种类型：通体全黑色或黑褐色，上体羽缘也具蓝绿色光泽，有的背和下体较灰。虹膜黑褐色，喙鲜红色，脚橘红色。

生活习性：常单独或成小群活动，有时也集成大群，特别是冬季，集群有时达100只以上，偶尔也见和黄臀鹎混群。偶尔也见栖立于电线上，很少到地上活动。善鸣叫，有时站在树顶梢鸣叫，有时成群边飞边鸣，鸣声粗厉，单调而多变，显得较为嘈杂。

食性：主要以昆虫等动物性食物为食，也吃植物果实、种子等植物性食物。

繁殖：繁殖期4—7月。营巢于山地森林中树上。巢多置于乔木水平枝上，距地高15～18m。每窝产卵2～4枚。

国内分布：分布于长江流域及其以南各省，北至陕西南部、湖北、湖南、安徽，东至江苏、浙江、福建、台湾等东南沿海各省，南至广西、广东、海南，西至四川、贵州、云南和西藏东南部。

褐柳莺 *Phylloscopus fuscatus*

雀形目（PASSERLFORMES）>柳莺科（Phylloscopidae）>柳莺属（*Phylloscopus*）

本地分布：力所乡　勐卡镇　勐梭镇　翁嘎科镇　新厂镇　岳宋乡　中课镇

遇见月份：1　2　3　4　5　6　7　8　9　10　11　12

　　形态特征：体长10～15cm，体重8～12g。上体褐色或橄榄褐色；虹膜暗褐色或黑褐色；上喙黑褐色，下喙橙黄色，尖端暗褐色；脚淡褐色；两翅内侧覆羽颜色同背，其余覆羽和飞羽暗褐色，外翈羽缘较淡呈淡褐色并微缀橄榄色，内翈羽缘浅灰褐色；尾暗褐色，有的上面微沾淡棕色，羽缘也较淡具明显的橄榄褐色；眉纹从额基延伸到枕，呈棕白色；贯眼纹自眼先经眼向后延伸至枕侧，为暗褐色；颊和耳覆羽褐色而杂有浅棕色；颏、喉白色，微沾皮黄色；胸淡棕褐色；腹白色微沾皮黄色或灰色；两胁棕褐色；尾下覆羽淡棕色，有时微沾褐色；腋羽和翅下覆羽亦为皮黄色；陈旧的夏羽上体有点灰色。幼鸟和成鸟相似，但上体较暗，眉纹淡灰白色，下体淡棕黄色。

　　生活习性：常单独或成对活动，多在林下、林缘和溪边灌丛与草丛中活动。喜欢在树枝间跳来跳去。遇有干扰，则立刻落入灌丛中。

　　食性：主要以昆虫为食。

　　繁殖：繁殖期5—7月。通常营巢于林下或林缘与溪边灌木丛中，巢距地高0.27～0.7m，也有直接营巢于灌丛中地上的。每窝产卵4～6枚，通常5枚，卵白色。

　　国内分布：广泛分布于除新疆、西藏外的大部分地区。

华西柳莺 *Phylloscopus occisinensis*

雀形目（PASSERLFORMES）>柳莺科（Phylloscopidae）>柳莺属（*Phylloscopus*）

本地分布：力所乡 勐卡镇 勐梭镇 翁嘎科镇 新厂镇 岳宋乡 中课镇

遇见月份：1 2 3 4 5 6 7 8 9 10 11 12

　　形态特征：体长9～13cm，体重5～10g。雌雄羽色相似。无中央冠纹和侧冠纹；虹膜暗褐色；上喙黑褐色，下喙浅黄色，尖端暗褐色；跗跖和趾淡黄褐色，或浅绿褐色到黑色；上体橄榄绿色或橄榄灰绿色；两翅和尾褐色或暗褐色，外翈羽缘绿黄色，中央尾羽羽轴白色，翅上无翼斑，飞羽羽缘亦为黄绿色或黄白色；眉纹黄色，长而宽阔，从鼻直到枕侧；贯眼纹淡黑色；下体草黄色或黄绿色；胸侧、颈侧和两胁沾橄榄色；尾下覆羽深草黄色；翅下覆羽和腋羽黄色。

　　生活习性：常单独或成对活动，非繁殖期亦见成3～5只或成10余只的小群。靠近地面的灌丛中觅食，有时爬到树枝或树叶上做短距离离地，飞向空中捕食飞行中的昆虫。非常敏捷、灵活，不停地跳跃寻食于枝杈间，有时也在地面上跳跃奔跑。

　　食性：食物以昆虫为主，包括有鳞翅目、膜翅目、双翅目、蝇、蚁、蚊、鞘翅目小甲虫和鳞翅目的幼虫等。

　　繁殖：繁殖期5—8月。通常营巢于离地面不高的灌丛下部。每窝产卵3～5枚。卵呈象牙白色，缀以圆斑或有锈红色斑点，尤以钝端稠密。同一窝中同时有2种类型（指圆斑或有锈红斑）的卵。孵卵和育雏均由双亲共同承担。

　　国内分布：分布于新疆、陕西、内蒙古、甘肃、西藏、贵州、青海、四川、云南。

棕腹柳莺 *Phylloscopus subaffinis*

雀形目（PASSERLFORMES）>柳莺科（Phylloscopidae）>柳莺属（*Phylloscopus*）

本地分布：力所乡 勐卡镇 勐梭镇 翁嘎科镇 新厂镇 岳宋乡 中课镇

遇见月份：1 2 3 4 5 6 7 8 9 10 11 12

形态特征：体长10～12cm，体重5～10g。雌雄羽色相似。上体自前额至尾上覆羽，包括翅上内侧覆羽概呈橄榄褐色或橄榄绿褐色，有的微沾棕，腰和尾上覆羽稍淡；尾稍圆，尾羽暗褐色或沙褐色，外翈羽缘橄榄褐色或橄榄绿色；翅暗褐色，无翅斑，内侧覆羽同背为橄榄褐色，外侧翅上覆羽暗褐色，外缘黄绿色或橄榄褐色；飞羽亦为暗褐色，外翈羽缘黄绿色或橄榄褐色；眉纹皮黄色或淡棕色；贯眼纹自眼先经眼到耳区，呈绿褐色或暗褐色；下体棕黄色；颏、喉较浅；两胁较暗；翅下覆羽皮黄色。

生活习性：主要栖息于海拔900～2800m的山地针叶林和林缘灌丛中，也栖息于低山丘陵和山脚平原地带的针叶林或阔叶疏林、灌丛和灌丛草甸，活跃于树枝间。常单独或成对活动，非繁殖期也成松散的小群。性情很活泼。

食性：主要以昆虫为食，包括有半翅目的椿象、膜翅目的蚂蚁、双翅目的蝇类及鳞翅目和直翅目等昆虫。

繁殖：繁殖期5—8月。筑巢于幼龄杉树中、下层枝丫上，用藤本植物系于枝丫末端，或置于耕地间的草丛上，用数根草秆支架着。巢距地高一般0.3m左右，呈杯形，巢口开于侧面，用禾本科细草叶、根、茎或杂以苔藓筑成，内垫鸡毛。

国内分布：分布于新疆、青海、陕西、甘肃、重庆、四川、贵州、云南、广西、湖北西部、安徽、福建、广东。

棕眉柳莺 *Phylloscopus armandii*

雀形目（PASSERLFORMES）>柳莺科（Phylloscopidae）>柳莺属（*Phylloscopus*）

本地分布： 力所乡 勐卡镇 勐梭镇 翁嘎科镇 新厂镇 岳宋乡 中课镇

遇见月份： 1 2 3 4 5 6 7 8 9 10 11 12

　　形态特征：体长12cm，体重8～10.5g。喙短而尖；上体橄榄褐色；飞羽、覆羽及尾缘橄榄色；具白色的长眉纹；脸侧具深色杂斑；暗的眼先及贯眼纹与黄色的眼圈成对比；下体污黄白色；胸侧及两胁沾橄榄色；喉部的黄色纵纹常隐约贯胸而至腹部；尾下覆羽黄褐色，略分叉。

　　生活习性：主要栖息于海拔2400m以下林缘及河谷灌丛和林下灌丛等环境。觅食于低矮灌丛下的地面。

　　食性：主要以鞘翅目、鳞翅目（毛虫）、直翅目（蚱蜢）等昆虫为食。

　　繁殖：繁殖期5—6月。每窝产卵平均5枚。卵白色，被有红色斑点。

　　国内分布：分布于黑龙江，辽宁，北京，天津，河北，河南，山西，陕西，内蒙古中部、东部，宁夏，甘肃南部，西藏东部，青海，云南南部，四川，重庆和香港等地。

橙斑翅柳莺 *Phylloscopus pulcher*

本地分布： 力所乡 勐卡镇 勐梭镇 翁嘎科镇 新厂镇 岳宋乡 中课镇

遇见月份： 1 2 3 4 5 6 7 8 9 10 11 12

　　形态特征：体长12cm，体重5.5～7.5g。额、头顶至枕暗橄榄绿褐色，有时微沾灰色，中央具不明显的淡黄色中央冠纹，顶纹色甚浅；眉纹不显著；虹膜褐色；喙黑色，下喙基黄色；背橄榄褐色，具2道栗褐色翼斑；外侧尾羽的内翈白色；腰浅黄色；下体污黄色；脚为粉红色。

　　生活习性：主要栖息于海拔2000～4000m的灌丛中，尤以高原针叶林、杜鹃灌丛中最为常见。常单独或成对活动、觅食于树冠层和林下、林缘灌丛中。性活泼，行动敏捷，整天不断地在树枝间跳来跳去、飞上飞下，很少休息。

　　食性：主要以昆虫为食。

　　繁殖：繁殖期6—7月。营巢于距地面0.6～4m高的树干上或稠密的灌丛中，抑或在针叶树的外侧枝上。巢呈球形，主要由苔藓、地衣和草及植物纤维构成，内垫以少许鸟类羽毛。每窝产卵3～4枚，通常为4枚。卵呈白色，缀以淡红褐色块斑或斑点，主要集中于钝端，有时形成一个明显的圈。

　　国内分布：分布于西藏南部、陕西南部、内蒙古西部、宁夏南部、甘肃、青海、云南、四川北部、重庆、湖北和湖南等地。

灰喉柳莺 *Phylloscopus maculipennis*

雀形目（PASSERLFORMES）>莺科（Phylloscopidae）>柳莺属（*Phylloscopus*）

本地分布： 力所乡 勐卡镇 勐梭镇 翁嘎科镇 新厂镇 岳宋乡 中课镇

遇见月份： 1 2 3 4 5 6 7 8 9 10 11 12

　　形态特征：体长9～10cm，体重5～7.5g。头侧纹及贯眼纹深灰绿色，顶纹灰色，黄白色的眉纹长且宽，喙小而纤细，具2道偏黄色的翼斑，腰浅黄色，脸、喉及上胸灰白色，下胸至尾下覆羽黄色。

　　生活习性：夏季栖息于海拔2500～3400m（主要见于海拔2900～3200m）针叶树和杜鹃、栎树或落叶混交林中具有茂盛灌丛的地方。冬季下降至海拔2900m以下的山脚，主要在海拔1400～2300m阔叶林，主要见于栎树林和次生灌丛中。

　　食性：主要以鞘翅目（甲虫）、鳞翅目（毛虫）、直翅目（蚱蜢、蝗虫）等昆虫为食，也吃蜘蛛等其他无脊椎动物性食物。

　　繁殖：繁殖期4—6月。巢非常隐蔽，悬挂在树枝上。巢呈球形，由厚厚的苔藓构成。巢距地面5m左右。

　　国内分布：分布于宁夏南部、西藏南部、云南、四川西部、重庆、湖北西部和广西西部等地。

黄腰柳莺 *Phylloscopus proregulus*

雀形目（PASSERLFORMES）>柳莺科（Phylloscopidae）>柳莺属（*Phylloscopus*）

本地分布： 力所乡 勐卡镇 勐梭镇 翁嘎科镇 新厂镇 岳宋乡 中课镇

遇见月份： 1 2 3 4 5 6 7 8 9 10 11 12

形态特征： 体长9～10cm，体重4.5～7.5g。成鸟上体橄榄绿色；虹膜暗褐色；喙黑褐色，下喙基部暗黄色；脚淡褐色；头顶色较暗，中央有一道淡黄绿色纵纹从额延伸至后颈；长眉纹芽黄色；贯眼纹暗绿褐色；头侧余部暗绿黄色；翼上覆羽和飞羽暗褐色，外翈羽缘黄绿色；中覆羽和大覆羽先端淡芽黄色，形成2道明显的翅斑；腰黄色，形成明显的横带；尾羽暗褐色，外翈羽缘黄绿色；颏和胁部淡黄绿色，下体余部近白色。

生活习性： 主要栖息于针叶林和针阔混交林。常活动于树顶枝叶层中，单独或成对活动于高大的树冠层中。性活泼，行动敏捷，常在树顶枝叶间跳来跳去寻觅食物。

食性： 主要以鞘翅目（象甲、小蠹虫）、双翅目（蚊子）、鳞翅目（尺蠖虫、卷叶蛾幼虫）等昆虫为食。

繁殖： 繁殖期5—7月。雌雄共同选择营巢地点，营巢后1～2d开始产卵，每日产1枚卵，每窝产卵4～5枚。卵呈卵圆形，白玉色，缀以红棕色或紫色斑点。产完卵后即开始孵卵，由雌鸟承担孵化工作，孵化期10～11d。

国内分布： 分布于新疆、陕西、甘肃、青海、宁夏、西藏、云南、内蒙古、黑龙江、吉林，迁徙期间或越冬于辽宁、贵州、四川、河北、北京、浙江、福建、广西、广东、海南和香港等地。

四川柳莺 *Phylloscopus forresti*

雀形目（PASSERLFORMES）>柳莺科（Phylloscopidae）>柳莺属（*Phylloscopus*）

本地分布： 力所乡 勐卡镇 勐梭镇 翁嘎科镇 新厂镇 岳宋乡 中课镇

遇见月份： 1 2 3 4 5 6 7 8 9 10 11 12

　　形态特征：体长9～10cm。眉纹长而白；顶纹略淡，具2道白色翼斑（第二道甚浅）；三级飞羽羽缘及羽端均色浅；虹膜褐色；上喙色深，下喙色浅；脚褐色；甚似淡黄腰柳莺但区别在于体形较大而形长，头略大但不圆；顶冠两侧色较浅且顶纹较模糊，有时仅在头背后呈一浅色点；大覆羽中央色彩较淡，下喙色也较淡；耳羽上无浅色点斑；腰色浅。

　　生活习性：性活泼，常单独或集群活动，栖于海拔2700～3400m的针叶林、低地落叶次生林中。

　　食性：主要以鳞翅目（毛虫）、直翅目（蚱蜢、蝗虫）、鞘翅目（甲虫）等昆虫为食，也吃蜘蛛等其他无脊椎动物性食物。

　　繁殖：繁殖期5—7月。巢建于生长有杂草和蕨类植物的次生落叶幼林的山坡草地上，或蔓生有杂草、苔藓和蕨类植物的山边陡坡上，也营建于林下地上或草丛中。巢为球形，侧面开口。巢主要由草叶和草茎构成，内垫有细草。每巢平均产卵4枚。卵呈白色缀以暗赤褐色斑点，主要集中在钝端，形成一圈。雏鸟晚成性，雌雄亲鸟共同育雏。

　　国内分布：分布于陕西南部、甘肃南部、西藏东南部、青海东南部、云南、四川、重庆等地。

黄眉柳莺 *Phylloscopus inornatus*

雀形目（PASSERLFORMES）>柳莺科（Phylloscopidae）>柳莺属（*Phylloscopus*）

本地分布： 力所乡 勐卡镇 勐梭镇 翁嘎科镇 新厂镇 岳宋乡 中课镇

遇见月份： 1 2 3 4 5 6 7 8 9 10 11 12

形态特征：体长10～11cm，体重4.3～6.5g。体形纤小；喙细尖，上喙和下喙前部黑褐色，下喙基部近黄色；上体橄榄绿色；虹膜暗褐色；跗跖淡棕褐色；眉纹淡黄绿色；头部色泽较深，在头顶的中央贯以一条若隐若现的黄绿色纵纹；自眼先有一条暗褐色的纵纹，穿过眼睛，直达枕部；头的余部为黄色与绿褐色相混杂；背羽以橄榄绿色或褐色为主；上体包括两翅的内侧覆羽概呈橄榄绿色；翅具2道浅黄绿色翼斑；下体白色；胸、胁、尾下覆羽均稍沾绿黄色；尾羽黑褐色。雌雄羽色相似。

生活习性：主要栖息于海拔1000～2400m的森林，包括针叶林、针阔混交林、柳树丛和林缘灌丛。性活泼，常单独或集小群活动，不停地在树枝和灌木枝上跳跃、觅食。

食性：主要以昆虫为食，如鞘翅目（主要有金龟甲、叶甲、象甲等）、鳞翅目、半翅目（椿象）、膜翅目（蚂蚁、蜂类）等昆虫，也吃蜘蛛等其他无脊椎动物性食物。

繁殖：繁殖期5—8月。每窝产卵2～5枚，一般为3～4枚。卵呈椭圆形或球形，粉白或白色，钝端缀以暗褐红色斑点。孵卵由雌鸟负责，雌鸟承担育雏任务。

国内分布：广泛分布于除新疆外的各省份。

淡眉柳莺 *Phylloscopus humei*

雀形目（PASSERLFORMES）>柳莺科（Phylloscopidae）>柳莺属（*Phylloscopus*）

本地分布：力所乡　勐卡镇　勐梭镇　翁嘎科镇　新厂镇　岳宋乡　中课镇

遇见月份：1　2　3　4　5　6　7　8　9　10　11　12

　　形态特征：体长10～11cm，体重5～9g。体形较小，上体橄榄灰色，具2道翼斑，无浅色腰，尾上无白色，浅色的长眉纹，贯眼纹色深，贯顶纹暗灰色，三级飞羽羽缘少白色且翼覆羽色淡。

　　生活习性：主要栖息于海拔1000～3500m的山地针叶林、亚高山松林、桦矮曲林和高山灌丛草地。常单独或成对活动。性情活泼，整天在树枝和灌木枝上不停地跳跃，也常在近地面活动和觅食。

　　食性：主要以昆虫为食。

　　繁殖：繁殖期6—8月。通常营巢于灌丛或草丛中或距地不高的杜鹃等灌木枝杈上及低矮的树上，甚隐蔽，一般很难发现。每窝产卵3～6枚，通常4～5枚。雏鸟晚成性。

　　国内分布：分布于西藏东部、南部和云南等地。

极北柳莺 *Phylloscopus borealis*

雀形目（PASSERIFORMES）>莺鹛科（Sylviidae）>柳莺属（*Phylloscopus*）

本地分布： 力所乡 勐卡镇 勐梭镇 翁嘎科镇 新厂镇 岳宋乡 中课镇

遇见月份： 1 2 3 4 5 6 7 8 9 10 11 12

　　形态特征： 体长 11～12.8cm，体重 7～12g。雌雄羽色相似。上体由额至尾概呈灰橄榄绿色，腰和尾上覆羽稍淡和较绿；眉纹黄白色，长而明显；自眼先、鼻孔延伸至枕部的一条贯眼纹长而宽阔，呈黑褐色；颊部和耳上覆羽淡黄绿色而混杂橄榄绿色；飞羽黑褐色，外翈羽缘橄榄绿色或暗绿色，内翈具极狭窄的灰白色羽缘；大覆羽先端淡黄色，形成 1 道翅上翼斑，有时不明显；尾羽黑褐色，外翈羽缘灰橄榄绿色，内侧羽缘具狭窄的灰白色，尤以外侧几对尾羽明显；下体白色沾黄色，尾下覆羽更为浓著，两胁缀以灰绿色；翅下覆羽和腋羽白色微沾黄色。

　　生活习性： 主要栖息于海拔 400～1200m 的针叶林、稀疏的阔叶林、针阔混交林及其林缘的灌丛地带。尤其是在河谷和离水源不远的杨、桦针阔混交林和针叶林中常见，迁徙期间也见于林缘次生林、人工林果园、庭院以及道旁和宅旁小林内。

　　繁殖： 繁殖期6—7月。营巢于地面上，也在树桩和倒木上筑巢。每窝产卵 4～7 枚，多为5～6 枚。卵呈白色，钝端有暗红褐色小斑点。雏鸟晚成性。

　　国内分布： 繁殖于东北和西北，越冬于华南地区和台湾，迁徙时见于东部大部分地区。

双斑绿柳莺 *Phylloscopus plumbeitarsus*

雀形目（PASSERIFORMES）>柳莺科（Phylloscopidae）>柳莺属（*Phylloscopus*）

本地分布： 力所乡 勐卡镇 勐梭镇 翁嘎科镇 新厂镇 岳宋乡 中课镇

遇见月份： 1 2 3 4 5 6 7 8 9 10 11 12

形态特征：体长11～12cm，体重6～13g。体形稍小，类似极北柳莺。上体呈橄榄绿色；眉纹淡黄色；贯眼纹暗褐色；虹膜暗褐色；上喙黑褐色，下喙淡黄褐色；跗跖暗褐色；两翅和尾黑褐色；翅上具2道明显的白色或淡黄色翅上翼斑；下体白色沾黄色。

生活习性：主要栖息于海拔400～4000m的针叶林、针阔混交林、白桦及白杨树丛中。性活跃，常在树枝间飞来飞去；冬季多在次生林或灌丛中活动。

食性：主要以昆虫为食，如鞘翅目（甲虫）、半翅目（椿象）、双翅目（虻）、鳞翅目等昆虫，也吃蜘蛛等其他无脊椎动物性食物。

繁殖：繁殖期5—8月。通常营巢于林中溪流岸边山坡上或岩石缝隙中，营巢主要由雌鸟承担。巢筑地面，呈球形，侧面开口，由苔藓编成，置于苔藓的岩缝中。每窝产卵5～6枚，卵呈白色。雌鸟孵卵，雏鸟晚成性，由双亲共同育雏。

国内分布：分布于除新疆、西藏外的各省份。

乌嘴柳莺 *Phylloscopus magnirostris*

雀形目（PASSERIFORMES）>柳莺科（Phylloscopidae）>柳莺属（*Phylloscopus*）

本地分布： 力所乡 勐卡镇 勐梭镇 翁嘎科镇 新厂镇 岳宋乡 中课镇

遇见月份： 1 2 3 4 5 6 7 8 9 10 11 12

　　形态特征：体长11.4～12.8cm，体重6～12g。上体概呈橄榄褐色；头顶较暗沾灰；眉纹黄白色，长而宽阔，很明显；具一条暗褐色贯眼纹；颊和耳羽褐色和黄色相混杂；腰较淡而发亮；两翅暗褐色；中覆羽和大覆羽先端黄色或皮黄色，具黄色或黄白色羽端，形成翅上2道翼斑；尾羽也呈暗褐色；下体淡黄色或黄白色；胸和两胁沾橄榄灰色；腋羽和翼下覆羽黄色沾灰色。雌雄两性羽色相似。

　　生活习性：主要栖息于海拔800～3500m的山地和高原的针叶林、针阔混交林、灌丛或落叶林中。常见于沿河流和山溪两岸的常绿针阔叶森林，也出没于林缘疏林灌丛和林间空地，通常不远离河谷和溪流等水域地带。

　　食性：主要以双翅目、鳞翅目、鞘翅目等昆虫为食。

　　繁殖：繁殖期6—8月。通常营巢于溪流岸边杂乱的倒木中，也有在山边岩坡和河岸上的洞穴中营巢，或将巢置于岩石和圆木中。窝卵数通常3～5枚。卵呈白色，光滑无斑点。双亲共同孵卵，雌鸟承担更多的孵卵工作。

　　国内分布：主要分布于西南部部分地区，在北部部分地区也有分布，如北京、内蒙古中部、河南等地。

西南冠纹柳莺 *Phylloscopus reguloides*

雀形目（PASSERIFORMES）>柳莺科（Phylloscopidae）>柳莺属（*Phylloscopus*）

本地分布： 力所乡 勐卡镇 勐梭镇 翁嘎科镇 新厂镇 岳宋乡 中课镇

遇见月份： 1 2 3 4 5 6 7 8 9 10 11 12

　　形态特征：体长10.5～12cm，体重6.2～9.4g。体羽亮丽的中型柳莺。上体绿色，具2道黄色翼斑，眉纹和顶冠纹亮黄色，下体白色并沾黄色，外侧两枚尾羽内翈具白色羽缘。

　　生活习性：栖息于海拔4000m以下针叶林、针阔混交林、常绿阔叶林和林缘灌丛地带。秋冬季节下移到低山或山脚平原地带。除繁殖季节成对或单只活动外，多见3～5只成小群活动于树冠层，以及林下灌、草丛中，尤其在河谷、溪流和林缘疏林灌丛及小树丛中常见。

　　食性：主要以鞘翅目（金龟甲、瓢甲、金花甲、象甲等）、鳞翅目（毛虫等）、膜翅目（蚂蚁、蜂等）、双翅目（蝇等）、同翅目和革翅目等昆虫为食。

　　繁殖：繁殖期5—7月。通常营巢于由苔藓、蕨类植物、林木等遮蔽的洞穴中，有时营巢于原木或树上的洞中。每窝产卵4～5枚。卵呈白色，无斑点。双亲共同孵卵，雌鸟承担更多的孵卵工作。

　　国内分布：分布于西藏南部、东南部，云南西北部，四川西南部等地。

云南白斑尾柳莺 *Phylloscopus davisoni*

雀形目（PASSERIFORMES）>柳莺科（Phylloscopidae）>柳莺属（*Phylloscopus*）

本地分布： 力所乡 勐卡镇 勐梭镇 翁嘎科镇 新厂镇 岳宋乡 中课镇

遇见月份： 1 2 3 4 5 6 7 8 9 10 11 12

　　形态特征： 体长10～11cm，体重5.7～8.1g。雌雄羽色相似。上体橄榄绿色或橄榄绿色沾黄色，呈橄榄黄绿色；头顶中央具淡黄绿色中央冠纹，有的微沾灰色为淡灰黄绿色；眉纹淡黄色，长而显著，眉纹和中央冠纹之间的头顶两侧为暗橄榄褐色，形成明显的暗色侧冠纹；贯眼纹暗褐色沾绿色或为暗绿褐色；颊和耳羽淡黄绿色而缀褐色；腰鲜黄绿色；两翅暗褐色，外翈羽缘黄绿色；中覆羽和大覆羽末端淡黄色，形成2道黄色翅斑，有时前一道翅斑不明显；尾也为暗褐色，外翈羽缘黄绿色，最外侧一对尾羽内翈大部白色，次一对尾羽内翈仅具白色尖端；下体白色沾黄色；胸侧和两胁沾橄榄绿色；腹中部乳白色；尾下覆羽淡黄色或淡黄白色。

　　生活习性： 除繁殖期间单独或成对活动外，其他时候多3～5只成群。常在树冠层活动和觅食，有时也在林下灌木丛中活动和觅食。性活泼，行动敏捷，快速地在叶丛间跳跃或飞来飞去，不易观察。

　　食性： 主要以昆虫为食，偶尔也吃植物果实和种子。

　　繁殖： 繁殖期5—7月。营巢于地上。每窝产卵3～4枚。

　　国内分布： 分布于云南、四川、贵州、湖南等地。

黄胸柳莺 *Phylloscopus cantator*

雀形目（PASSERIFORMES）>柳莺科（Phylloscopidae）>柳莺属（*Phylloscopus*）

本地分布：力所乡　勐卡镇　勐梭镇　翁嘎科镇　新厂镇　岳宋乡　中课镇

遇见月份：1　2　3　4　5　6　7　8　9　10　11　12

　　形态特征：体长10～11cm，体重6～7g。黄色的顶冠纹和眉纹与偏黑色的侧冠纹形成对比；具有一道明显的黄色翼斑，第二道翼斑较模糊；喉部、上胸和尾下覆羽黄色，与白色的下胸和腹部形成对比。

　　生活习性：冬季结群。常在竹林及森林较下层灌丛取食。冬季可至海拔1700m、夏季可至海拔2500m的常绿林活动。

　　食性：主要以昆虫为食。

　　繁殖：繁殖期4—7月。通常营巢于林下或森林边土岸洞穴中。巢呈球形，全由苔藓构成。每窝产卵4～6枚。卵白色、光滑无斑。孵化期12～14d。

　　国内分布：分布于华南地区。

灰冠鹟莺 *Phylloscopus tephrocephalus*

雀形目（PASSERIFORMES）>柳莺科（Phylloscopidae）>柳莺属（*Phylloscopus*）

本地分布： 力所乡 勐卡镇 勐梭镇 翁嘎科镇 新厂镇 岳宋乡 中课镇

遇见月份： 1 2 3 4 5 6 7 8 9 10 11 12

形态特征：体长 10～11cm，体重 6～8g。小型偏黄色柳莺。前额、头顶至后枕石板灰色，灰黑色侧冠纹不甚明显；眼先灰白色，羽端黑色；颊和耳羽灰色，羽端缀黑褐色；眼眶白色不完全，前上方具黑灰色缺刻；背、肩羽和尾上覆羽暗橄榄绿色，后颈至上背沾灰褐色；翅黑褐色，外缘橄榄绿色，大覆羽尖端淡黄色，形成一道翼斑；颏至上喉灰白色，微沾淡黄色；下喉、胸和腹部及尾下覆羽亮黄色，胸侧和胁部渲染绿褐色；翅下覆羽和腋羽亮黄色；尾羽黑褐色，外缘橄榄绿色，最外侧三对尾羽的内翈白色。

生活习性：主要栖息于海拔 1200～3300m 的山地常绿阔叶林和次生林中，尤以林下灌木发达的溪流两岸的稀疏阔叶林和竹林中较常见，也栖息于混交林和针叶林。冬季多下到低山和山脚的次生阔叶林、林缘疏林和灌丛中，有时也到农田和居民点附近的小块丛林内活动。

食性：主要以昆虫为食，主要有鞘翅目（甲虫、金花甲、金龟甲、象甲）、半翅目（叶跳蝉）、膜翅目（蚂蚁、蜂类）、直翅目（蟋蟀）等昆虫，此外也吃昆虫卵和少量蜘蛛。

繁殖：繁殖期 5—7 月。通常营巢于海拔 1400～2500m 的山区林地次生植物和下层林丛中。每窝产卵 3～4 枚，卵白色或浅土黄色。由雌雄亲鸟轮流孵卵。

国内分布：分布于天津、河南、陕西南部、甘肃、云南、四川西部、重庆、贵州、湖北、湖南、上海、浙江、广东、广西等地。

比氏鹟莺 *Phylloscopus valentini*

雀形目（PASSERIFORMES）>柳莺科（Phylloscopidae）>柳莺属（*Phylloscopus*）

本地分布： 力所乡 勐卡镇 勐梭镇 翁嘎科镇 新厂镇 岳宋乡 中课镇

遇见月份： 1 2 3 4 5 6 7 8 9 10 11 12

　　形态特征：体长11～12cm，体重5～9g。雌雄羽色相似。前额黄绿色或橄榄绿黑色；中央冠纹灰色或绿色，有的为灰色沾橄榄绿色；侧冠纹乌黑色或黑色，从额往后一直到后头；耳羽头侧暗黄绿色或橄榄绿色；眼先稍暗，眼圈金黄色；背、肩橄榄绿色，腰和尾上覆羽稍淡；内侧翅上覆羽颜色同背，其余翅上覆羽和飞羽暗褐色，羽缘橄榄绿色；大覆羽具窄的、不甚明显的淡黄色或黄绿色尖端，形成一道不甚明显的翅斑，有时缺失；尾暗褐色，羽缘橄榄绿色，最外侧两对尾羽内翈白色或大多白色；下体鲜黄色，两胁沾橄榄色。

　　生活习性：主要栖息于海拔1700～3100m的混交林或常绿阔叶林中。性活泼，常单独或成小群在林下灌丛中枝叶间跳跃觅食。

　　食性：主要以昆虫为食，有鞘翅目（甲虫、金花甲、金龟甲、象甲）、半翅目（叶跳蝉）、膜翅目（蚂蚁、蜂类）、直翅目（蟋蟀）等昆虫，此外也吃昆虫卵和少量蜘蛛。

　　繁殖：繁殖期5—7月。通常营巢于林下灌丛中地上或距地不高的灌丛与草丛上，也在山坡、土坎、岸边岩坡和岩石脚下营巢，巢附近均有灌木、草丛或小树隐蔽。每窝产卵3～4枚，卵白色或浅土黄色。雌雄亲鸟轮流孵卵。

　　国内分布：分布于北京、河南、陕西南部、宁夏南部、甘肃南部、云南南部、四川等地。

灰脸鹟莺 *Phylloscopus poliogenys*

雀形目（PASSERIFORMES）>柳莺科（Phylloscopidae）>柳莺属（*Phylloscopus*）

本地分布：力所乡 勐卡镇 勐梭镇 翁嘎科镇 新厂镇 岳宋乡 中课镇

遇见月份：1 2 3 4 5 6 7 8 9 10 11 12

形态特征：体长10～11cm，体重6～10g。雌雄羽色相似。头顶、头侧灰色，前额、枕和头顶两侧灰黑色，几乎围绕头顶形成一个黑灰色圈，尖顶中央稍淡，形成不明显的中央冠纹，而头顶两侧的黑灰色带则常显示出暗色侧冠纹，有时头顶和脸均为黑灰色，侧冠纹不明显；眼周白色，极为明显，有时眼前上方有小的黑灰色斑，使白色眼圈断裂而显得不完整；眼先、头侧和颈侧苍灰色或暗灰色，有时微杂黑色；颊下部和颏淡灰色；背、肩、腰和尾上覆羽黄橄榄绿色；两翅褐色，羽缘橄榄绿色，大覆羽具宽的黄白色或黄色尖端，形成一道宽阔而明显的黄色或黄白色翅斑；尾褐色，外翈羽缘淡橄榄黄绿色，最外侧3对尾羽内翈几乎全白色；颏和颊下部苍灰色；其余下体包括腋羽亮黄色。

生活习性：主要栖息于海拔2500m以下的常绿阔叶林以及林下灌丛中。性活泼，常单独或成对活动在高大乔木或林下灌丛取食昆虫。

食性：主要以鞘翅目（甲虫）、鳞翅目（毛虫）、直翅目（蚱蜢、蝗虫）等昆虫为食，也吃蜘蛛等其他无脊椎动物性食物。

繁殖：繁殖期5—6月。通常营巢于海拔1000～2500m的常绿森林中，有时也见于针叶林。巢多置于林下地上，偶尔也有置巢于山坡岩石和树上的。巢为球形，主要由绿色苔藓构成。每窝产卵4枚，卵白色。雌雄亲鸟轮流孵卵。

国内分布：分布于西藏东部、南部，云南西部、南部，广西等地。

黄腹鹟莺 *Abroscopus superciliaris*

雀形目（PASSERLFORMES）>树莺科（Cettiidae）>拟鹟莺属（*Abroscopus*）

本地分布： 力所乡 | 勐卡镇 | 勐梭镇 | 翁嘎科镇 | 新厂镇 | 岳宋乡 | 中课镇

遇见月份： 1 | 2 | 3 | 4 | 5 | 6 | 7 | 8 | 9 | 10 | 11 | 12

　　形态特征： 体长9～11cm，体重6～7g。具醒目的白色眉纹，前顶冠灰色，头后及背部绿橄榄色，颊、喉及上胸白色，下体余部黄色。

　　生活习性： 主要栖息于常绿阔叶林、次生林或周围的竹丛及高灌丛中。一般在竹丛中活动，常飞捕昆虫。

　　食性： 主要以昆虫为食。

　　繁殖： 繁殖期4—5月。每窝产卵3～5枚，孵卵期12～15d。雏鸟出壳后，由雌鸟和雄鸟共同哺育。

　　国内分布： 分布于西藏东南部，云南西部、南部，广东，广西南部等地。

栗头织叶莺 *Phyllergates cucullatus*

雀形目（PASSERLFORMES）>树莺科（Cettiidae）>伪缝叶莺属（*Phyllergates*）

本地分布： 力所乡 勐卡镇 勐梭镇 翁嘎科镇 新厂镇 岳宋乡 中课镇

遇见月份： 1 2 3 4 5 6 7 8 9 10 11 12

　　形态特征： 体长10～12cm，体重6～7g。雌雄羽色相似。喙细长而微微弯曲；两脚瘦长而强劲有力；前额和头顶栗色或金橙黄色；眼上有一短而窄的黄色眉纹；眼先和贯眼纹黑色；眼后较白；头侧、枕、后颈和颈侧暗灰色；背、肩橄榄绿色；腰和尾上覆羽黄色或橄榄黄色；尾羽10枚，褐色，具窄的橄榄绿色羽缘，最外侧两对尾羽内翈白色，第三对外侧尾羽内翈具窄的白缘；翅上覆羽橄榄绿色，飞羽褐色，外翈羽缘黄绿色；颊和耳覆羽下部分银白色；颏、喉、胸白色或淡灰白色；其余下体包括腹、尾下覆羽、腋羽和翅下覆羽概为鲜黄色。

　　生活习性： 主要栖息于海拔1000～2500m的较高山地、山区森林、开阔的山地灌丛及茂密竹丛。喜群栖，常结小群，但多隐匿于浓密覆盖下而难以看见。除繁殖期单独或成对活动外，其他时候多喜成群在枝叶和花朵间跳跃觅食，也常飞到空中捕食飞行性昆虫。

　　食性： 主要以鞘翅目（甲虫）、鳞翅目（毛虫）、直翅目（蚱蜢、蝗虫）等昆虫为食，也吃蜘蛛等其他无脊椎动物性食物。

　　繁殖： 在缝合的叶片中营巢。每年繁殖2窝，每窝产卵3～4枚。卵的颜色变化较大，有白色、淡红色、蓝色、绿色和淡蓝色等。

　　国内分布： 分布于云南、四川、湖南、广东、香港、广西、海南等地。

强脚树莺 *Horornis fortipes*

雀形目（PASSERLFORMES）>树莺科（Cettiidae）>暗色树莺属（*Horornis*）

本地分布：力所乡 勐卡镇 勐梭镇 翁嘎科镇 新厂镇 岳宋乡 中课镇

遇见月份：1 2 3 4 5 6 7 8 9 10 11 12

　　形态特征：体重7～14g，体长10～13cm。雌雄羽色相似。上体概橄榄褐色，自前向后逐渐转淡；腰和尾上覆羽深棕褐色；自鼻孔向后延伸至枕部的细长而不明显的眉纹呈淡黄色；眼周淡黄色；自喙向后伸至颈部的贯眼纹呈暗褐色；颊和耳上覆羽棕色和褐色相混杂；尾羽和飞羽暗褐色，外翈边缘与背同色；颊、喉及腹部中央白色，但稍沾灰色；胸侧、两胁灰褐色；尾下腹羽黄褐色。

　　生活习性：主要栖息于海拔1600～2400m的阔叶林树丛和灌丛间，在草丛或绿篱间也常见到。冬季也出没于山脚和平原地带的果园、茶园、耕地及村舍竹丛或灌丛中。

　　食性：主要以昆虫为食，包括金龟甲、步行虫、叩头虫等鞘翅目、膜翅目、双翅目等昆虫，此外也吃少量的植物果实、种子和草籽。

　　繁殖：繁殖期5—8月。巢筑于草丛和灌丛上，距地面高0.7～1m。每窝产卵3～5枚，多为4枚，椭圆形，呈纯咖啡红色至酒红色，微具暗色斑点。孵卵主要由雌鸟承担，雄鸟常在巢附近鸣叫和警戒。雏鸟晚成性。

　　国内分布：分布于除西藏中部和北部、新疆、东北地区以外的大部分地区。

黄腹树莺 *Horornis acanthizoides*

雀形目（PASSERLFORMES）>树莺科（Cettiidae）>暗色树莺属（*Horornis*）

本地分布： 力所乡 勐卡镇 勐梭镇 翁嘎科镇 新厂镇 岳宋乡 中课镇

遇见月份： 1 2 3 4 5 6 7 8 9 10 11 12

KKKENCLEL PHOTOGRAPHY

形态特征：体长9.5～11cm，体重4.3～6.6g。单褐色树莺。上体全褐色，但顶冠有时略沾棕色，腰有时多呈橄榄色；飞羽的棕色羽缘形成对比性的翼上纹理；眉纹白色或皮黄色，甚长于眼后；喉及上胸灰色，两侧略染黄色；两胁、尾下覆羽及腹中心皮黄白色。

生活习性：主要栖息于中高海拔的林灌丛、竹丛中。常单独或成对或成三五只小群活动。夏季栖息于海拔2700～3750m的高山灌丛、竹丛中，冬季可下降至海拔1500～2700m的阔叶林灌丛、竹丛中活动。

食性：主要以鞘翅目（甲虫）、鳞翅目（毛虫）、直翅目（蝗虫、蚱蜢）等昆虫为食，也吃蜘蛛等无脊椎动物性食物。

繁殖：繁殖期4—6月。巢置于距地面高0.1～0.6m灌丛近根处或茶树的枝丫上。每窝产卵3～4枚，多为4枚。卵呈白色，光滑无斑，呈长卵圆形或椭圆形。

国内分布：分布于黑龙江，西藏西部、南部，云南，广西等地。

金冠地莺 *Tesia olivea*

雀形目（PASSERLFORMES）>树莺科（Cettiidae）>地莺属（*Tesia*）

本地分布：力所乡　勐卡镇　勐梭镇　翁嘎科镇　新厂镇　岳宋乡　中课镇

遇见月份：1　2　3　4　5　6　7　8　9　10　11　12

　　形态特征：体长9～10cm，体重6～9g。前额、头顶、肩、背至尾上覆羽橄榄绿色，前额至头顶渲染亮金黄色；飞羽黑褐色，外翈羽缘橄榄绿色，初级飞羽外翈端部呈淡褐色；眼后纹黑色；眼先、颊和耳羽深灰色；颏、喉、颈侧和胸、腹部呈纯石板灰色，下腹部中央稍浅淡，但不像灰腹地莺呈灰白色；腋羽、翅下覆羽呈深灰色；尾羽黑褐色，中央尾羽表面渲染橄榄绿色；尾下覆羽灰绿色。

　　生活习性：主要栖息于海拔1600～2000m的常绿阔叶林或沟谷林间的林下灌丛。性隐蔽，常单独或成对于近地面处活动，在林下阴湿处灌丛间的地上活动、觅食。

　　食性：主要以鞘翅目、膜翅目、双翅目、鳞翅目等昆虫为食，也吃植物果实、种子和草籽。

　　国内分布：分布于西藏东南部，云南南部、西部，贵州，广西等地。

栗头树莺 *Cettia castaneocoronata*

雀形目（PASSERLFORMES）>树莺科（Cettiidae）>树莺属（*Cettia*）

本地分布：力所乡 勐卡镇 勐梭镇 翁嘎科镇 新厂镇 岳宋乡 中课镇

遇见月份：1 2 3 4 5 6 7 8 9 10 11 12

形态特征：体长8～10cm，体重6～9g。前额、头顶至后枕和头侧亮栗红色；眼后具一小的三角形白斑；后颈、肩羽、上背至尾上覆羽和翅上覆羽概呈暗橄榄绿色；飞羽和尾羽暗褐色，外缘橄榄绿色；颏、喉亮柠檬黄色；胸和腹部亮黄色而沾橄榄绿色；胁部橄榄绿色。

生活习性：栖息于南亚热带山地常绿阔叶林和温带针阔混交林区，在阴湿山坡沟谷地带的林下灌丛、竹林和草丛之间的地上活动觅食。在高黎贡山调查中常见单个活动于栎树林下的草丛间。性活泼，常跳跃不止，鸣声尖锐悦耳。

食性：主要以昆虫为食，也吃植物的种子。

繁殖：繁殖期6—8月。通常营巢于林下灌木或树枝杈上，巢呈杯状。窝卵数2～3枚，偶尔也产4枚。卵粉红色，有微缀黄色和被有红褐色斑点。雌雄轮流孵卵。

国内分布：分布于西藏、四川、贵州、云南等地。

红头长尾山雀 *Aegithalos concinnus*

雀形目（PASSERLFORMES）>长尾山雀科（Aegithalidae）>长尾山雀属（*Aegithalos*）

本地分布： 力所乡　勐卡镇　勐梭镇　翁嘎科镇　新厂镇　岳宋乡　中课镇

遇见月份： 1　2　3　4　5　6　7　8　9　10　11　12

　　形态特征： 体长9～12cm，体重5.5～7g。成鸟额、头顶至后颈栗红色，眼先、头侧和颈侧黑色，有的具白色眉纹；虹膜橘黄色；喙蓝黑色；脚棕褐色；上体余部蓝灰色，腰部缀棕色羽缘；飞羽黑褐色，具蓝灰色羽缘；尾黑褐色缀蓝灰色，外侧3对尾羽具楔形白色端斑，最外侧尾羽外翈白色；下体颏、喉至颈侧基部白色，喉中央具一大黑斑，其余下体白色为主，具一栗色宽胸带，两胁和尾下覆羽亦染栗色。

　　生活习性： 主要栖息于落叶林林缘，也出现于城市绿地、小区中。高度群居，有时也会与其他小型鸟类混群。生性活跃，很少停歇，在树枝间不停穿梭，很少在一棵树上长时间停留。

　　食性： 主要以鞘翅目和鳞翅目等昆虫为食。

　　繁殖： 繁殖期1—9月。营巢在柏树上。巢为椭圆形，主要用苔藓、细草、鸡毛和蜘蛛网等材料构成。每窝产卵5～9枚。卵白色，钝端微具晕带。孵卵由雌雄亲鸟轮流承担，以雌鸟为主，孵化期16d。雌雄亲鸟共同育雏。

　　国内分布： 分布于华中、华南、西南等大部分地区。

棕头雀鹛 *Fulvetta ruficapilla*

雀形目（PASSERLFORMES）>鸦雀科（Paradoxornithidae）>莺鹛属（*Fulvetta*）

本地分布： 力所乡 勐卡镇 勐梭镇 翁嘎科镇 新厂镇 岳宋乡 中课镇

遇见月份： 1 2 3 4 5 6 7 8 9 10 11 12

形态特征：体长10～13cm，体重8～10g。顶冠棕色，并有黑色的边纹延至颈背；眉纹色浅而模糊；眼先暗黑，与白色眼圈成对比；喉近白色，微具纵纹；下体余部酒红色，腹中心偏白；上体灰褐色而渐变为腰部的偏红色；覆羽羽缘赤褐色；初级飞羽羽缘浅灰成浅色翼纹；尾褐色。

生活习性：主要栖息于海拔1800～2500m的常绿阔叶林、针阔混交林、针叶林和林缘灌丛中。常单独或成对活动，有时亦成3～5只的小群。多在林下灌丛间跳跃穿梭，也频繁地下到地上活动和觅食。

食性：主要以昆虫、植物果实和种子为食，也吃稻谷、小麦等农作物。

繁殖：繁殖期3—6月。营巢于山茶、沙针等灌木植物上。巢材由树皮、枯草茎、头发、塑料细线、塑料片等组成，巢呈球状，巢口朝上。营巢树高为1～2m，巢距地面高度为1～1.5m。每窝产卵2～3枚，多为3枚。卵呈卵形，颜色为白色，钝端覆盖着大小不一的深色斑点。孵卵期13～14d。整个繁殖过程都由两只亲鸟共同参与。

国内分布：分布于陕西南部、甘肃南部、四川、重庆、湖北、云南东南部、贵州西南部等地。

褐头雀鹛 *Fulvetta manipurensis*

雀形目（PASSERIFORMES）>雀鹛科（Alcippedae）>莺鹛属（*Fulvetta*）

本地分布： 力所乡 勐卡镇 勐梭镇 翁嘎科镇 新厂镇 岳宋乡 中课镇

遇见月份： 1 2 3 4 5 6 7 8 9 10 11 12

　　形态特征：体长11～14cm，体重10～14g。前额、头顶、枕和后颈灰褐色；眼先暗褐色；头侧和颈侧乌灰白色；背、肩和两翅覆羽栗褐色或暗棕褐色；腰和尾上覆羽棕黄色或黄褐色；两翅暗褐色或灰黑色，最外侧1～5枚初级飞羽外缘银灰色或淡蓝灰色，6～7枚飞羽外缘黑色，其余飞羽外翈均为棕栗色或棕褐色，与背羽色基本相似；尾褐色或暗褐色，外翈缘以橄榄黄色；颏、喉、胸和腹乌灰白色；两胁和尾下覆羽棕黄色。

　　生活习性：主要栖息于海拔1400～2800m的山地阔叶林、针阔混交林、针叶林、竹林和林缘山坡灌丛与沟谷灌丛等各种植被类型中。常成3～5只的小群活动。

　　食性：主要以膜翅目、鞘翅目和鳞翅目等昆虫为食，也吃蒿草等植物叶片、幼芽、果实和种子等植物性食物。

　　繁殖：繁殖期5—7月。营巢于林下竹丛和灌木枝杈上。巢呈杯状，主要由枯草和竹叶构成，内垫有细根和黑色纤维。每窝产卵5枚，孵化期12～15d，育雏期15～17d。

　　国内分布：分布于陕西、甘肃、四川、西藏、云南、贵州、湖北、湖南、福建、广东。

点胸鸦雀 *Paradoxornis guttaticollis*

雀形目（PASSERIFORMES）>鸦雀科（Paradoxornithidae）>鸦雀属（*Paradoxornis*）

本地分布：力所乡 勐卡镇 勐梭镇 翁嘎科镇 新厂镇 岳宋乡 中课镇

遇见月份：1 2 3 4 5 6 7 8 9 10 11 12

形态特征：体长18～22cm，体重28～40g。上体余部暗红褐色，下体皮黄色，头顶及颈背赤褐色，胸上具有深色的倒"V"字形细纹，耳羽后端有显眼的黑色块斑。

生活习性：主要栖息于海拔2000m以下的灌丛、次生植被及草丛。常成对或3～5只成群活动。特别是冬季，常成群迁到低山和山麓平原地带的芦苇丛中活动和觅食。性活泼，常一边活动觅食，一边鸣叫不休，叫声单调嘈杂。

食性：主要以昆虫为食，也会啄食隐藏于其中的蛀虫和其他小型虫类，此外也吃草籽和植物果实。

繁殖：繁殖期5—7月。营巢于灌丛和竹丛中。窝卵数平均为2～3枚。

国内分布：分布于长江流域及其以南的山地。

栗耳凤鹛 *Staphida castaniceps*

雀形目（PASSERIFORMES）>绣眼鸟科（Zosteropidae）>*Staphida*

本地分布： 力所乡 勐卡镇 勐梭镇 翁嘎科镇 新厂镇 岳宋乡 中课镇

遇见月份： 1 2 3 4 5 6 7 8 9 10 11 12

　　形态特征： 体长13～14cm，体重10～17g。上体偏灰色，下体近白色，上体白色羽轴形成细小纵纹，栗色的脸颊没有延伸至后颈圈，喙红褐色，尾深灰色，脚粉红色。

　　生活习性： 主要栖息于海拔1500m以下的区域。常集小群活动，群中个体常保持很近的距离，很少下到林下地上和灌木低层。只有在危急时才降落在林下灌丛和草丛中逃走，一般较少飞翔。

　　食性： 主要以甲虫、金龟子等昆虫为食，也吃植物果实与种子。

　　繁殖： 繁殖期4—7月。通常营巢于海拔700～1500m的阔叶林和混交林中。每窝产卵3～4枚。

　　国内分布： 分布于云南西部和南部。

栗颈凤鹛 *Staphida torqueola*

雀形目（PASSERIFORMES）>绣眼鸟科（Zosteropidae）>*Staphida*

本地分布： 力所乡 勐卡镇 勐梭镇 翁嘎科镇 新厂镇 岳宋乡 中课镇

遇见月份： 1 2 3 4 5 6 7 8 9 10 11 12

形态特征：体长14～15cm，体重11～17g。上体偏灰色，下体近白色，上体白色羽轴形成细小纵纹，栗色的脸颊延伸至后颈圈，喙红褐色，尾深灰色，脚粉红色。

生活习性：常集小群活动于海拔350～2200m的灌丛、阔叶林的林下地带、次生林的低矮灌木、较低的林冠层等。喜在植被间快速移动，十分嘈杂。

食性：主要以昆虫、种子为食，也食花蜜。

繁殖：繁殖期4—7月。通常营巢于海拔700～1500m的阔叶林和混交林中。窝卵数平均为3～4枚。

国内分布：分布于华中、华东、华南和西南地区，西至四川中南部和云南中部，北至陕西南部和江苏，南至广西南部和香港。

黄颈凤鹛 *Yuhina flavicollis*

雀形目（PASSERIFORMES）>绣眼鸟科（Zosteropidae）>凤鹛属（*Yuhina*）

本地分布：力所乡 勐卡镇 勐梭镇 翁嘎科镇 新厂镇 岳宋乡 中课镇

遇见月份：1 2 3 4 5 6 7 8 9 10 11 12

　　形态特征：体长12～14cm，体重10～18g。上体全褐色；上喙深褐色，下喙浅褐色；额、头顶和羽冠具白色眼圈，眼先黑色；眼后、头侧和枕灰色，形成以灰色环带，其下有一锈红色领圈；喉、胸白色具少量细的赭色纵纹；腹和两胁淡棕褐色具白色纵纹；脚黄褐色。

　　生活习性：吵嚷成群，主要栖息于海拔1500～2285m的常绿林。

　　食性：主要以鞘翅目、鳞翅目、膜翅目等昆虫为食，也吃悬钩子、草籽等植物性食物。

　　繁殖：繁殖期5—7月。通常营巢于地上或灌木上，也在粗的树干侧枝或苔藓中筑巢。窝卵数为3～4枚。

　　国内分布：分布于西藏东南部、四川南部、云南等地区。

棕臀凤鹛 *Yuhina occipitalis*

雀形目（PASSERIFORMES）>绣眼鸟科（Zosteropidae）>凤鹛属（*Yuhina*）

本地分布：力所乡 勐卡镇 勐梭镇 翁嘎科镇 新厂镇 岳宋乡 中课镇

遇见月份： 1 2 3 4 5 6 7 8 9 10 11 12

形态特征：体长11.3～14cm，体重11～16g。前额和冠羽褐灰色，具灰白色羽轴纹，前额羽基微黄色；后部冠羽末端和枕部栗棕色；后颈灰色；眼先微黑色，眼圈白色；耳羽与背部同色，具明显的白色羽轴纹；背部、腰部、翅上覆羽及内侧次级飞羽暗棕褐色，并略带橄榄绿色；尾羽暗褐近黑色；颊部黑色，杂以褐色；颏、喉、胸及颈侧淡葡萄酒褐色；腹侧锈灰色，腹部中央和尾下受羽栗棕色。两性同色。

生活习性：主要栖息于海拔1800～3800m的山地森林中，尤以常绿阔叶林和混交林较常见，也出现于针叶林和林缘灌丛地带。

食性：主要以双翅目、膜翅目、鞘翅目等昆虫为食，也吃悬钩子等植物果实与种子。

繁殖：繁殖期4—6月。通常营巢于长满苔藓的地方或者在一棵小树杈上，巢离地面高度约1m或者挂在高于森林地面4～5m的针叶树枝的末端。窝卵数通常2枚，或者更多。

国内分布：主要分布于西南地区，如西藏南部、云南、四川。

红胁绣眼鸟 *Zosterops erythropleurus*

雀形目（PASSERIFORMES）>绣眼鸟科（Zosteropidae）>绣眼鸟属（*Zosterops*）

二级

本地分布：力所乡　勐卡镇　勐梭镇　翁嘎科镇　新厂镇　岳宋乡　中课镇

遇见月份：1　2　3　4　5　6　7　8　9　10　11　12

　　形态特征：体长10.5～11.5cm，体重10～13g。上体自额基、背以至尾上覆羽呈黄绿色，上背黄色较少；虹膜褐色；上喙蓝色（春季），下喙肉色；眼周具一圈绒状白色短羽；眼先黑色；眼下方具一黑色细纹；颏、喉、颈侧和前胸呈鲜硫黄色；后胸和腹部中央乳白色，后胸两侧苍灰；胁部栗红色；肩和小覆羽暗绿色，尾下覆羽鲜硫黄色。

　　生活习性：常单独、成对或成小群活动，迁徙季节和冬季喜欢成群，有时集群多达50～60只。栖息于海拔2000m以下阔叶林和以阔叶树为主的针阔混交林、竹林、次生林等各种类型森林中，也栖息于果园、林缘以及村寨和地边高大的树上。

　　食性：夏季主要以昆虫为主，冬季则主要以植物性食物为主。

　　繁殖：繁殖期4—7月，有的早在3月即开始营巢。营巢于阔叶或针叶树及灌木上。1年繁殖1～2窝，每窝产卵3～4枚。卵淡蓝绿色或白色。

　　国内分布：分布于黑龙江、吉林、河北、辽宁、山西、陕西、甘肃、四川、西藏、河南、山东、江苏、浙江、福建、贵州、云南等地。

暗绿绣眼鸟 *Zosterops japonicus*

雀形目（PASSERIFORMES）>绣眼鸟科（Zosteropidae）>绣眼鸟属（*Zosterops*）

本地分布：力所乡 勐卡镇 勐梭镇 翁嘎科镇 新厂镇 岳宋乡 中课镇

遇见月份：1 2 3 4 5 6 7 8 9 10 11 12

形态特征：体长9～11cm，体重9～12g。上体绿色，下体白色；虹膜红褐色或橙褐色；喙黑色，下喙基部稍淡；从额基至尾上覆羽概为草绿或暗黄绿色，前额沾有较多黄色且更为鲜亮；眼周有一圈白色绒状短羽，眼先和眼圈下方有一细的黑色纹；尾暗褐色，外翈羽缘草绿或黄绿色，尾下覆羽淡柠檬黄色；脚暗铅色或灰黑色。

生活习性：常单独、成对或成小群活动，迁徙季节和冬季喜欢成群，有时集群多达50～60只。在次生林和灌丛枝叶与花丛间穿梭跳跃，或从一棵树飞到另一棵树。主要栖息于海拔1500m以下阔叶林和以阔叶树为主的针阔混交林、竹林、次生林等各种类型森林中，也栖息于果园、林缘以及村寨和地边高大的树上。

食性：夏季以昆虫为主食，冬季则以植物性食物为主食。

繁殖：繁殖期4—7月，有的早在3月即开始营巢。营巢于阔叶树或针叶树及灌木上。每窝产卵3～4枚。孵化期10～12d。

国内分布：分布于华东、华中、华南地区。

灰腹绣眼鸟 *Zosterops palpebrosa*

雀形目（PASSERIFORMES）>绣眼鸟科（Zosteropidae）>绣眼鸟属（*Zosterops*）

本地分布： 力所乡 勐卡镇 勐梭镇 翁嘎科镇 新厂镇 岳宋乡 中课镇

遇见月份： 1 2 3 4 5 6 7 8 9 10 11 12

　　形态特征： 体长9～11cm，体重5.6～11g。上体自前额至尾上覆羽黄绿色；虹膜灰褐色或红褐色；喙黑色；眼先和眼下方黑色；脸颊、耳羽等为黄绿色；眼周具一圈白色绒羽状短羽形成的白色眼圈；颏、喉、颈侧和上胸鲜黄色，到下胸和两胁逐渐变为淡灰色；腹灰白色；尾暗褐色或黑褐色，外翈羽缘黄绿色，尾下覆羽鲜黄色；脚暗铅色或蓝铅色。

　　生活习性： 主要栖息于海拔1200m以下的低山丘陵和山脚平原地带的常绿阔叶林和次生林中，尤喜河谷阔叶林和灌丛，有时也出现于农田地边、果园和村寨附近小林内。

　　食性： 主要以昆虫为食，也吃植物果实和种子。所吃昆虫主要有甲虫、蛾类、蚂蚁等鞘翅目和鳞翅目等昆虫。

　　繁殖： 繁殖期4—7月，有的在3月中下旬即开始繁殖。营巢于常绿阔叶林、河谷林和林缘灌丛，有时也在果园、地边和村寨附近小林内营巢。每窝产卵2～3枚，通常3枚。孵卵由雌雄鸟轮流承担，孵化期10～11d。雏鸟晚成性，雌雄亲鸟共同育雏，10～11d即可出飞。

　　国内分布： 分布于西藏东南部、四川西南部、云南、广西西南部等地。

斑胸钩嘴鹛 *Erythrogenys gravivox*

雀形目（PASSERIFORMES）>林鹛科（Timaliidae）>大钩嘴鹛属（*Erythrogenys*）

本地分布： 力所乡 | 勐卡镇 | 勐梭镇 | 翁嘎科镇 | 新厂镇 | 岳宋乡 | 中课镇

遇见月份： 1 | 2 | 3 | 4 | 5 | 6 | 7 | 8 | 9 | 10 | 11 | 12

形态特征：体长21～25cm，体重46～79g。虹膜黄至栗色，喙灰至褐色，无浅色眉纹，脸颊棕色，胸部具浓密的黑色点斑，脚肉褐色。

生活习性：栖息于海拔200～3700m低山地区及平原的林地灌丛间，在林间作短距离飞翔。常活动于开阔的林地、林缘、灌丛、次生林、弃耕农田、竹林等地。

食性：以昆虫为主食，所吃的昆虫有豆天蛾、椿象以及多种鞘翅目和膜翅目昆虫，也吃草籽等植物种子。

繁殖：繁殖期4—10月。常筑巢于树洞、树枝或竹枝等所构成的三角形处。窝卵数3～5枚。孵化期13～15d，由雌雄鸟共同孵化。

国内分布：分布于华东、华中及华南。

棕颈钩嘴鹛 *Pomatorhinus ruficollis*

雀形目（PASSERIFORMES）>林鹛科（Timaliidae）>钩嘴鹛属（*Pomatorhinus*）

本地分布：力所乡 勐卡镇 勐梭镇 翁嘎科镇 新厂镇 岳宋乡 中课镇

遇见月份：1 2 3 4 5 6 7 8 9 10 11 12

形态特征：体长16～19cm，体重19～39g。上体橄榄褐色或棕褐色或栗棕色，后颈栗红色；颏、喉白色；胸白色，具栗色或黑色纵纹，也有的无纵纹和斑点；其余下体橄榄褐色；喙细长而向下弯曲，上喙黑色，下喙黄色；具显著的白色眉纹和黑色贯眼纹；虹膜褐色，具栗色的颈圈；眼先黑色；喉白色；胸具纵纹；脚铅褐色。

生活习性：栖息于海拔200～3400m的低山和山脚平原地带的阔叶林、次生林、竹林和林缘灌丛中，也出入于村寨附近的茶园、果园、路旁丛林和农田地灌木丛间。常成对或成小群活动。性活泼，胆怯畏人，通常在林下觅食。

食性：主要以昆虫为食，也吃植物果实与种子。所吃食物主要有竹节虫、甲虫以及双翅目、鳞翅目、半翅目等昆虫，也吃少量乔木和灌木果实与种子以及草籽等植物性食物。

繁殖：繁殖期4—7月。通常营巢于灌木上。窝卵数2～4枚，孵化期14d。

国内分布：广泛分布于秦岭以南的大部分地区。

红嘴钩嘴鹛 *Pomatorhinus ferruginosus*

雀形目（PASSERIFORMES）>林鹛科（Timaliidae）>钩嘴鹛属（*Pomatorhinus*）

本地分布： 力所乡 勐卡镇 勐梭镇 翁嘎科镇 新厂镇 岳宋乡 中课镇

遇见月份： 1 2 3 4 5 6 7 8 9 10 11 12

形态特征： 体长21～23cm，体重42～48g。指名亚种前额棕色；头顶、枕、眼先、上颊和耳羽黑色；眉纹白色，从前额向后一直延伸到颈侧；其余上体，包括两翅和尾表面橄榄褐色微沾棕色；下颊、颏、喉白色，胸和腹中央锈红色，其余下体橄榄褐色。滇南亚种头顶棕褐色，各羽微具暗褐色狭缘；头侧具2道黑纹，眉纹白色，眼先、颊和耳羽黑色，其余上体包括两翅和尾表面棕橄榄色，两翅和尾较棕；颏、喉白色，胸和腹中央浅皮黄色，其余下体与背色，但羽色稍较浅淡。

生活习性： 主要栖息于海拔900～2000m的常绿阔叶林、竹林和灌木林中，尤以林下植物茂密的湿润常绿阔叶林中较常见。常单独或成对活动，有时也成小群。性活跃，多数时间都在灌木丛间跳来跳去，也到地上活动。

食性： 主要以甲虫、鳞翅目幼虫等昆虫及植物果实和种子为食。

繁殖： 繁殖期4—6月。通常营巢于地上或灌木上。巢呈球形，主要由枯草茎、草叶、草根、竹叶、苔藓等筑成，内垫细的草茎和草根。每窝产卵3～4枚。

国内分布： 分布于云南西部、南部和西藏东南部等地。

红头穗鹛 *Cyanoderma ruficeps*

雀形目（PASSERIFORMES）>林鹛科（Timaliidae）>红头穗鹛属（*Cyanoderma*）

本地分布： 力所乡 勐卡镇 勐梭镇 翁嘎科镇 新厂镇 岳宋乡 中课镇

遇见月份： 1 2 3 4 5 6 7 8 9 10 11 12

　　形态特征：体长 10～12cm，体重 7～12g。上体暗灰橄榄色，下体黄橄榄色；虹膜棕红色或栗红色；上喙角褐色，下喙暗黄色；上体包括两翅和尾表面灰橄榄绿色或淡橄榄褐色而沾绿色；尾上覆羽较背稍浅；尾褐色或暗褐色。

　　生活习性：常单独或成对活动，有时也见成小群或与棕颈钩嘴鹛或其他鸟类混群活动，在林下或林缘灌丛枝叶间飞来飞去或跳上跳下。主要栖息于海拔 500～700m 的山地森林中。

　　食性：主要以鞘翅目、鳞翅目、直翅目、膜翅目、双翅目、半翅目等昆虫为食，偶尔吃少量植物果实与种子。

　　繁殖：繁殖期 4—7 月。通常营巢于茂密的灌丛、竹丛、草丛和堆放的柴捆上。每窝产卵通常 4～5 枚。孵化期 12～14d，孵卵由雌雄亲鸟轮流承担。雏鸟晚成性，雌雄亲鸟共同育雏。

　　国内分布：分布于华中、华南、西南及东南地区。

金头穗鹛 *Cyanoderma chrysaeum*

雀形目（PASSERIFORMES）>林鹛科（Timaliidae）>穗鹛属（*Cyanoderma*）

本地分布：力所乡 勐卡镇 勐梭镇 翁嘎科镇 新厂镇 岳宋乡 中课镇

遇见月份：1 2 3 4 5 6 7 8 9 10 11 12

　　形态特征：体长10～12cm，体重6～10g。上体橄榄黄色，下体亮黄色；虹膜棕红色或金黄褐色；喙角褐色或石板褐色，下喙基部较淡；额、头顶和枕金黄色具粗著的黑色轴纹；后颈金黄色较淡；眼先和短的髭纹黑色；颊和耳羽金黄或淡橄榄黄色；其余上体亮橄榄黄色，有的微沾绿色；两翅暗褐色，但翅表面仍为橄榄黄色；尾橄榄褐色，外翈羽缘缀黄色。

　　生活习性：主要栖息于海拔900～1300m处。繁殖期间成对活动，其他季节则多成群，特别是冬季，常集成10余只至数十只的大群。多在林下灌丛间活动和觅食，频繁地在灌丛间飞来飞去，但不远飞，偶尔也下到地上觅食。

　　食性：主要以昆虫为食。

　　繁殖：繁殖期5—7月。每窝产卵4枚。卵白色，通常光滑无斑，偶尔被有少许细小斑点。

　　国内分布：分布于西藏东南部、云南、广西西南部至东部。

纹胸鹛 *Mixornis gularis*

雀形目（PASSERIFORMES）>林鹛科（Timaliidae）>纹胸鹛属（*Mixornis*）

本地分布： 力所乡 | 勐卡镇 | 勐梭镇 | 翁嘎科镇 | 新厂镇 | 岳宋乡 | 中课镇

遇见月份： 1 | 2 | 3 | 4 | 5 | 6 | 7 | 8 | 9 | 10 | 11 | 12

　　形态特征：体长11～13cm，体重8～14g。雌雄羽色相似。前额至头顶栗棕色或橙棕色；枕至后颈亦为此色，但逐渐变得浅淡；背、肩、腰和尾上覆羽等上体橄榄绿色沾染有棕色或褐色；两翅黑褐色，翅表面多呈锈黄色；尾羽锈褐色，具有隐约可见的暗色横斑，羽缘缀有绿色；额基黄色，具黑色羽轴纹；眉纹黄色；眼先灰黑色；耳羽黄绿色或绿黄色，耳羽后部至颈侧橄榄绿色。

　　生活习性：主要栖息于海拔1400m以下的低山丘陵和山脚平原地带的常绿阔叶林、竹林、次生林、热带雨林、季雨林等各类森林中，也出现于林缘疏林、灌丛、农田和村寨附近小树丛内。尤其喜欢林缘疏林草地、灌丛和竹丛，是一种低海拔、低地平原灌丛鸟类。

　　食性：主要以昆虫为食，偶尔也吃植物叶、芽等植物性食物。

　　繁殖：繁殖期4—7月。营巢于林下灌丛或竹丛上。每窝产卵3～4枚。卵白色，被有红色或红褐色斑点。

　　国内分布：分布于云南南部、西南部以及广西等地。

红顶鹛 *Timalia pileata*

雀形目（PASSERIFORMES）>林鹛科（Timaliidae）>鹛属（*Timalia*）

本地分布： 力所乡 勐卡镇 勐梭镇 翁嘎科镇 新厂镇 岳宋乡 中课镇

遇见月份： 1 2 3 4 5 6 7 8 9 10 11 12

　　形态特征：体长15.5～17cm，体重15～23g。上体橄榄褐色沾棕色，喉、胸具黑色纵纹，其余下体皮黄色；虹膜栗红色或朱红色；喙黑色；前额和一短的眉纹白色；头顶棕栗色，额和头顶羽干坚硬发亮；耳羽和颈侧灰色；颊、颏、喉和胸白色，下喉和胸具细的黑色羽干纹，喉、胸部极为醒目，胸侧亦沾灰色，是颈侧灰色的延伸；背、肩和两翅表面等上体橄榄褐色沾棕色；腰和尾上覆羽转为棕色；尾呈楔形，暗褐色，具隐约可见的明暗相间横斑；脚灰黄色或角褐色。

　　生活习性：除繁殖期多单独或成对活动外，其他季节多成小群活动。主要栖息于海拔1000m以下的区域。

　　食性：主要以昆虫为食。

　　繁殖：繁殖期4—7月，或许1年繁殖2窝。通常营巢于地上草丛中或灌木上，每窝产卵3～5枚。孵化期12～14d。卵白色，偶尔有粉红色的，被有红褐色斑点。

　　国内分布：分布于云南、贵州南部、江西、广西、广东等地。

栗头雀鹛 *Schoeniparus castaneceps*

雀形目（PASSERIFORMES）>幽鹛科（Pellorneidae）>拟雀鹛属（*Schoeniparus*）

本地分布： 力所乡 | 勐卡镇 | 勐梭镇 | 翁嘎科镇 | 新厂镇 | 岳宋乡 | 中课镇

遇见月份： 1 | 2 | 3 | 4 | 5 | 6 | 7 | 8 | 9 | 10 | 11 | 12

形态特征：体长8～12cm，体重7～13g。眉和脸颊具白色细纹；眼后的眼纹及狭窄的髭纹黑色；顶冠棕色，浅色的羽轴成细纹；初级飞羽羽缘棕色，覆羽黑色。

生活习性：主要栖息于海拔2600m以下。常成对或3～5只的小群活动。常在茂密的常绿叶阔叶林上层枝叶间活动，有时也在树下活动和觅食。

食性：主要以昆虫为食，偶尔也吃少量植物果实与种子。

繁殖：繁殖期4—6月。营巢于常绿阔叶林中攀缘植物上。每窝产卵3～4枚。孵化期12～14d，雌雄轮流孵卵。雏鸟晚成性。

国内分布：分布于西藏南部、东南部和云南西北部至东南部。

西盟飞羽——云南西盟鸟类多样性研究

198

褐胁雀鹛 *Schoeniparus dubius*

雀形目（PASSERIFORMES）>幽鹛科（Pellorneidae）>拟雀鹛属（*Schoeniparus*）

本地分布：力所乡 勐卡镇 勐梭镇 翁嘎科镇 新厂镇 岳宋乡 中课镇

遇见月份： 1 2 3 4 5 6 7 8 9 10 11 12

形态特征：体长12～14cm，体重14～20g。雌雄羽色相似。前额浅棕色；头顶至枕棕褐色，具有细窄的暗色羽缘，一般不甚明显；头顶两侧各有一条显著的黑色侧冠纹，从额侧向后延伸至上背，并在上背分成若干条黑色纵纹；眉纹白色，长而宽阔，沿眼上向后延伸至耳羽上方；尾下覆羽茶黄褐色。

生活习性：主要栖息于海拔2500m以下的山地常绿阔叶林、次生林和针阔混交林中，也栖息于林缘疏林灌丛草坡和耕地以及居民点附近的稀树灌丛草地。常成对或成小群活动在林下灌木枝叶间，也在林下草丛中活动和觅食。

食性：主要以甲虫、蝗虫、椿象、步行虫、鳞翅目幼虫等昆虫为食，也吃虫卵和少量植物果实与种子等植物性食物。

繁殖：繁殖期4—6月。营巢于林下植物发达的常绿阔叶林中。巢多置于林下草丛中地上。每窝产卵3～5枚。孵化期10～14d。卵椭圆形，白色或乳白色，密被有红褐色斑点。雌雄轮流孵卵，雏鸟晚成性，刚孵出的雏鸟全身裸露。

国内分布：分布于云南、四川东部至西南部、湖南西部、广西西部。

褐脸雀鹛 *Alcippe poioicephala*

雀形目（PASSERIFORMES）>雀鹛科（Alcippeidae）>雀鹛属（*Alcippe*）

本地分布：力所乡 勐卡镇 勐梭镇 翁嘎科镇 新厂镇 岳宋乡 中课镇

遇见月份： 1 2 3 4 5 6 7 8 9 10 11 12

　　形态特征：体长14～17cm，体重16～23g。顶冠及颈背灰色，具黑色的长眉纹，下体皮黄色，无白色眼圈。

　　生活习性：主要栖息于海拔950m以下的区域。常单独或成对活动，有时也集成小群。在林下灌丛或竹丛间跳来跳去，边活动，边发出"欺威激威–欺威–"的声音。常与其他鹛类混合，活动于低地热带森林的低层。

　　食性：主要以蝗虫、鳞翅目、膜翅目、鞘翅目等昆虫为食，也吃少量其他无脊椎动物和植物果实与种子。

　　繁殖：繁殖期5—7月。营巢于灌丛中或树上。每窝产卵2～3枚。孵化期10～14d。

　　国内分布：分布于云南南部、西南部和广西南部。

云南雀鹛 *Alcippe fratercula*

雀形目（PASSERIFORMES）>雀鹛科（Alcippeidae）>雀鹛属（*Alcippe*）

本地分布： 力所乡 勐卡镇 勐梭镇 翁嘎科镇 新厂镇 岳宋乡 中课镇

遇见月份： 1 2 3 4 5 6 7 8 9 10 11 12

形态特征：体长12～14cm，体重15～19g。额、头顶、枕、颊和耳羽颈侧灰褐色；背、腰为橄榄褐色；尾上覆羽逐渐转棕褐色；眼先灰褐色，眼周灰白色；颊比头顶色稍淡；颏、喉浅灰褐色；胸灰白色染草黄色；腹侧和两胁为草黄色，腹中央灰白色；尾下覆羽棕黄色；肩羽、小覆羽、内侧飞羽和各飞羽外翈同背色，内翈黑褐色，但内翈缘色较淡。

生活习性：主要栖息于海拔2500m以下的山地和山脚平原地带的森林和灌丛中。在各类森林中均有分布，在油茶林、竹林、果园等经济林以及农田和居民点附近的小块丛林和灌丛内也有活动。

食性：主要以昆虫为食，也吃植物果实、种子、叶、芽、苔藓等植物性食物。

繁殖：繁殖期5—7月。通常营巢于林下灌丛近地面的枝杈上。每窝产卵2～4枚。孵化期11～13d。

国内分布：分布于云南和四川西南部。

白腹幽鹛 *Pellorneum albiventre*

雀形目（PASSERIFORMES）>幽鹛科（Pellorneidae）>幽鹛属（*Pellorneum*）

本地分布：力所乡 勐卡镇 勐梭镇 翁嘎科镇 新厂镇 岳宋乡 中课镇

遇见月份：1 2 3 4 5 6 7 8 9 10 11 12

形态特征：体长14～15cm，体重15～19g。体从头到尾包括两翅表面概为橄榄褐色；两翅和尾沾更红色；眼先和眼上灰褐色；耳覆羽褐色，具淡色羽轴纹；颈与背同色；颏、喉白色，具矢状黑斑；胸淡棕橄榄褐色，形成宽阔的胸带；腹中部白色；两胁和其余下体锈红色。

生活习性：单独或成对活动，秋冬季也常成家族群或3～5只的小群活动。性胆怯，常隐匿于林下灌丛或竹丛中活动和觅食。主要栖息于海拔1000～2000m的区域。

食性：主要以昆虫为食。

繁殖：繁殖期5—7月。通常营巢于林下竹丛或灌丛中。每窝产卵3～4枚，有时仅产2枚。孵化期12～14d。卵淡粉红色，被有暗褐色斑点。

国内分布：分布于云南西部和西藏东南部。

棕头幽鹛 *Pellorneum ruficeps*

雀形目（PASSERIFORMES）>幽鹛科（Pellorneidae）>幽鹛属（*Pellorneum*）

本地分布：力所乡　勐卡镇　勐梭镇　翁嘎科镇　新厂镇　岳宋乡　中课镇

遇见月份：1　2　3　4　5　6　7　8　9　10　11　12

形态特征：体长13～19cm，体重23～30g。顶冠深赤褐色，眉纹色浅；下体浅皮黄色而多纵纹；上体橄榄褐色；喉白色；胸及两胁密布褐色纵纹。

生活习性：隐匿于地面或近地面处。鸣叫时，膨出白色的喉羽。栖息地包括种植园、亚热带或热带的湿润低地林、温带疏灌丛、亚热带或热带的湿润山地林和亚热带或热带的（低地）干燥疏灌丛。主要栖息于海拔1800m以下的区域。

食性：主要以昆虫为食。

繁殖：繁殖期5—7月。营巢于林下地上草丛中或灌丛下，也在竹林中营巢。每窝产卵2～4枚。孵化期15～16d。卵为阔卵圆形或卵圆形，淡绿色或乳黄白色，被有褐色或红褐色斑点。

国内分布：分布于云南、广西西南部地区。

矛纹草鹛 *Pterorhinus lanceolatus*

雀形目（PASSERLFORMES）>噪鹛科（Leiothrichidae）>*Pterorhinus*

本地分布：力所乡 勐卡镇 勐梭镇 翁嘎科镇 新厂镇 岳宋乡 中课镇

遇见月份：1 2 3 4 5 6 7 8 9 10 11 12

形态特征：体长22.5～29.5cm，体重56～105g。前额、头顶至后枕暗栗褐色，羽缘棕褐色；后颈至上背满布栗红褐色矛状纹，羽缘灰褐色；下背至尾上覆羽灰褐色，具暗栗红褐色纵纹；翅上覆羽和飞羽暗褐色，外缘淡灰褐色；最外侧初级飞羽的外缘近灰白色；尾羽也呈暗褐色，羽缘灰褐色；眼先和眼圈近黑色；颊和耳羽浓栗褐色或黑褐色，狭缘淡棕白色；颚纹黑色；颏、喉和胸至腹部淡棕白色，下喉至胸散布有暗栗褐色和黑色纤细纵纹；颈侧和胸、腹部两侧满布暗栗红褐色粗著纵纹；尾下覆羽灰褐色，羽缘淡棕白色。

生活习性：主要栖息于海拔550～3600m的亚热带至寒温带山地及河谷、平原。结小群在灌丛、草丛、竹林等生境活动、觅食。

食性：主要以鞘翅目、鳞翅目等昆虫和植物的果实、种子为食。

繁殖：繁殖期4—8月。巢多选择在灌丛与玉米农作区的边缘地带，尤以四周为玉米、中间是灌丛草坡的环境最为集中。窝卵数2～3枚。卵呈鸭蛋青色，卵圆形，其上无任何斑点。由雌鸟负责孵卵，雌雄亲鸟共同育雏。

国内分布：分布于西南部和东南部。

白颊噪鹛 *Pterorhinus sannio*

雀形目（PASSERIFORMES）>噪鹛科（Leiothrichidae）>*Pterorhinus*

本地分布：力所乡　勐卡镇　勐梭镇　翁嘎科镇　新厂镇　岳宋乡　中课镇

遇见月份：1　2　3　4　5　6　7　8　9　10　11　12

形态特征：体长20～25.5cm，体重52～80g。成鸟额至头顶栗褐色；长眉纹、眼先和颊纹棕白色；眼后至耳羽深褐色；虹膜褐色；喙黑褐色；后颈和颈侧葡萄褐色；肩、背、腰和尾上覆羽以及翼表面橄榄褐色；尾红褐色；尾羽暗褐色，外翈泛棕色；下体颏、喉和上胸棕栗色；下胸至腹渐淡为棕黄色；尾下覆羽红棕色；两胁暗棕色；脚黄褐色至灰褐色。

生活习性：主要栖息于海拔2000m以下的低山丘陵和山脚平原等地的矮树灌丛和竹丛中，也栖息于林缘、溪谷、农田和村庄附近的灌丛、芦苇丛和稀树草地，甚至出现在城市公园和庭院，是中国南方常见的低山灌丛鸟类之一。

食性：主要以昆虫等动物性食物为食，也吃植物果实和种子。

繁殖：繁殖期3—7月。通常营巢于柏树、棕树、竹和荆棘等灌丛中。每窝产卵3～4枚。孵化期15～17d，亲鸟育雏12d左右。

国内分布：分布于甘肃南部、陕西南部至长江以南的华南和西南各省。

红头噪鹛 *Trochalopteron erythrocephalum*

雀形目（PASSERIFORMES）>噪鹛科（Leiothrichidae）>彩翼噪鹛属（*Trochalopteron*）

本地分布：力所乡 勐卡镇 勐梭镇 翁嘎科镇 新厂镇 岳宋乡 中课镇

遇见月份：1 2 3 4 5 6 7 8 9 10 11 12

　　形态特征：体长25～28cm，体重65～135g。颈侧、上背和肩各羽中央黑色，边缘棕褐色，形成鳞状斑；下背、腰和尾上覆羽橄榄绿色；翅上大覆羽暗栗红色；初级覆羽外翈黄绿色，内翈暗褐色；小翼羽与背同色；其余两翅表面概为亮黄绿色；外侧初级飞羽外翈较淡；尾暗灰橄榄黄色，外侧尾羽基部金黄色。

　　生活习性：主要栖息于海拔900～3000m的常绿阔叶林、竹林、沟谷林、针阔混交林和林缘次生林等山地森林中。

　　食性：主要以昆虫为食，也吃植物果实、浆果、种子和草籽。

　　繁殖：繁殖期5—7月。通常营巢于林下灌木丛中。巢多置于高的灌木上，距地高1～2m。每窝产卵2～4枚。孵化期11～13d。

　　国内分布：主要分布于四川西南部、云南、广西东北部。

蓝翅希鹛 *Actinodura cyanouroptera*

雀形目（PASSERIFORMES）>噪鹛科（Leiothrichidae）>斑翅鹛属（*Actinodura*）

本地分布： 力所乡 勐卡镇 勐梭镇 翁嘎科镇 新厂镇 岳宋乡 中课镇

遇见月份： 1 2 3 4 5 6 7 8 9 10 11 12

形态特征：体长13～16cm，体重14～28g。额至枕为蓝灰色，具细的黑色羽轴纹；背、腰、尾上覆羽棕黄色；眼先、眼圈、眉纹白色，白色眉纹之上还有一条伴行的黑色眉纹；颏至胸为灰色；腹灰白色；尾下覆羽白色；胁赭褐色；尾圆形；中央尾羽灰褐色；外侧尾羽外翈蓝色，内翈灰褐色。

生活习性：主要栖息于亚热带或热带海拔600～2400m的阔叶林、针阔混交林、针叶林和竹林中，尤以茂密的常绿阔叶林和次生林较常见。

食性：主要以白蜡虫、甲虫等昆虫为食，也吃少量植物果实与种子。

繁殖：繁殖期5—7月。营巢于林下灌丛中。通常每窝产卵3～4枚。

国内分布：分布于西藏东南部、云南、四川、重庆、贵州、湖北、湖南南部、广东、广西西南部、海南等地。

白眶斑翅鹛 *Actinodura ramsayi*

雀形目（PASSERIFORMES）>噪鹛科（Leiothrichidae）>斑翅鹛属（*Actinodura*）

本地分布： 力所乡 勐卡镇 勐梭镇 翁嘎科镇 新厂镇 岳宋乡 中课镇

遇见月份： 1 2 3 4 5 6 7 8 9 10 11 12

　　形态特征：体长20～23cm，体重35～43g。前额和头顶暗棕色；头顶羽毛延长成羽冠；眼先、耳羽、头侧灰褐色；喙褐色；眼圈白色；虹膜亮褐色；上体灰橄榄褐色，具不明显的暗色横斑；翅具黑色横斑；尾呈凸状，棕褐色，具黑色横斑和白色端斑；下体赭黄色；腹中部白色；脚灰褐色。

　　食性：主要以昆虫为食，也吃植物果实与种子。

　　生活习性：常出没在森林的边缘、林木繁茂的地区以及草丛和灌木丛中。主要栖息于浓密森林中，尤以常绿阔叶林、次生林和林缘灌丛地区较常见。多单独或成对活动于林缘和林下灌丛，胆大而易被发现。

　　繁殖：繁殖期3—4月。每窝产卵2枚。卵颜色为蓝绿色。

　　国内分布：分布于广西西部、云南东南部和贵州南部。

银耳相思鸟 *Leiothrix argentauris*

雀形目（PASSERIFORMES）>噪鹛科（Leiothrichidae）>相思鸟属（*Leiothrix*）

二级

本地分布：力所乡 勐卡镇 勐梭镇 翁嘎科镇 新厂镇 岳宋乡 中课镇

遇见月份：1 2 3 4 5 6 7 8 9 10 11 12

形态特征：体长14～18cm，体重22～29g。头顶黑色；耳羽银灰色；前额橙黄色；喉、胸朱红色或黄色；喙橙黄色；外侧飞羽橙黄色，基部朱红色，极为鲜艳、醒目；尾圆形，暗褐色；尾上、尾下覆羽朱红色，外侧尾羽橙黄色；其余上体橄榄绿色或橄榄黄色。

生活习性：常单独或成对活动，有时亦成群，特别是秋冬季节。性活泼而大胆，不怕人，常在林下灌木层或竹丛间以及林间空地上跳跃，很少静栖于树上，也不远飞，人常常可以靠得很近。

食性：主要以甲虫、瓢虫、蚂蚁、鳞翅目幼虫等昆虫为食，也吃草莓、悬钩子、榕果、草籽等植物果实和种子，有时也吃谷粒、玉米等农作物。

繁殖：繁殖期5—7月。营巢于林下灌木上。每窝产卵3～5枚。雌雄轮流孵卵，孵化期14d。

国内分布：主要分布于贵州南部，云南西部、南部、东部，广西南部和西藏东南部。

黑头奇鹛 *Heterophasia desgodinsi*

雀形目（PASSERIFORMES）>噪鹛科（Leiothrichidae）>奇鹛属（*Heterophasia*）

本地分布： 力所乡 勐卡镇 勐梭镇 翁嘎科镇 新厂镇 岳宋乡 中课镇

遇见月份： 1 2 3 4 5 6 7 8 9 10 11 12

　　形态特征：体长19～24cm，体重30～50g。雌雄羽色相似。前额、头顶、枕一直到后颈黑色，具蓝色金属光泽；颊、眼先、头侧和耳羽暗褐色或黑褐色；背、肩、腰和尾上覆羽深灰色或褐灰色，背部褐色较浓或微沾橄榄色；尾呈凸状，暗褐色或黑色，具灰白色端斑；中央尾羽端斑深灰色，向外侧尾羽逐渐变为灰白色，而且灰白色端斑亦逐渐扩大，到最外一枚尾羽几全为灰白色；飞羽褐色或黑褐色，外翈羽缘亮蓝黑色，第3～9枚初级飞羽内翈基部白色；翅上覆羽亮蓝黑色，内侧大覆羽深灰色，外侧羽缘黑色；下体颏、喉、腹和尾下覆羽白色；胸和两胁浅灰色；腋羽和翅下覆羽白色沾灰色。

　　生活习性：栖息于海拔800～2800m的山地阔叶林和混交林。常单独、成对或成几只的小群在沟谷、溪流沿岸和山坡树林中上层枝叶间活动和觅食。频繁地在树枝间跳来跳去或攀缘在枝头，有时也下到林下灌丛或竹丛中活动和觅食。

　　食性：主要以鞘翅目、直翅目、膜翅目、蜻蜓等昆虫及其虫卵为食，也吃植物果实和种子。

　　繁殖：繁殖期5—7月。通常营巢于沟谷中大树顶端细的侧枝枝叶间，隐蔽甚好。每窝产卵2～3枚。卵淡蓝色或白色，光滑无斑。

　　国内分布：分布于四川、重庆、云南、贵州、湖北、湖南和广西西部。

长尾奇鹛 *Heterophasia picaoides*

雀形目（PASSERIFORMES）>噪鹛科（Leiothrichidae）>奇鹛属（*Heterophasia*）

本地分布：力所乡 勐卡镇 勐梭镇 翁嘎科镇 新厂镇 岳宋乡 中课镇

遇见月份：1 2 3 4 5 6 7 8 9 10 11 12

形态特征：体长28~33cm，体重40~50g。雌雄羽色相似。上体鼠灰色，头顶颜色较深；前额和眼先淡黑色；尾特长，呈梯形或凸状，羽色与背大体相同，羽轴褐色，向端部逐渐变黑；所有尾羽均具浅灰色或灰白色端斑，从中央尾羽向外侧尾羽灰白色端斑逐渐扩大，中央尾羽最长，外侧尾羽依次缩短；两翅覆羽鼠灰色；飞羽略较背深或为黑色，初级飞羽外翻有一窄的灰色羽缘，外侧4枚次级飞羽外翻中部白色，在翅上形成一块显著的白色翅斑；颏、喉、胸灰色沾褐色；腹淡灰色，腹中部近白色；尾下覆羽浅灰色。

生活习性：主要栖息于海拔100~3000m的山地常绿阔叶林、混交林、针叶林和沟谷林中。常成对或成3~5只至10余只的小群活动，有时也见多达20只的大群。通常在树冠或较高的林下植物上取食。

食性：主要以膜翅目、双翅目、鞘翅目等昆虫为食，也吃花、植物果实和种子。

繁殖：繁殖于海拔1000~2400m的山地森林中。巢多置于松树侧枝末端枝杈上。

国内分布：分布于云南西部、东南部和广西西部。

栗臀䴓 *Sitta nagaensis*

雀形目（PASSERIFORMES）>䴓科（Sittidae）>䴓属（*Sitta*）

本地分布：力所乡 勐卡镇 勐梭镇 翁嘎科镇 新厂镇 岳宋乡 中课镇

遇见月份：1 2 3 4 5 6 7 8 9 10 11 12

　　形态特征：体长11.5～13cm，体重11～20g。雄鸟整个上体蓝灰色；中央尾羽也为石板蓝灰色；外侧尾羽黑色，外侧3或4对尾羽内翈具白色亚端斑，最外侧一对尾羽在外翈具斜行白色端斑；头侧、颈侧和下体灰色；两胁栗色；尾下覆羽尖端白色，羽缘栗色。雌鸟和雄鸟相似，但羽色稍暗。

　　生活习性：除繁殖期单独或成对活动以及繁殖后期成家族群外，其他季节多单独或与其他小鸟混群。性活泼，行动敏捷，能在树干向上或向下攀行，啄食树皮下的昆虫，有时以螺旋形沿树干攀缘活动，不停地从一棵树飞向另一棵树上，动作极为敏捷，见人就躲到树干背面，过一会儿又从树干后面转出，或继续攀爬或飞走。

　　食性：主要取食甲虫、金龟子和鳞翅目幼虫等昆虫，也吃少量植物种子等植物性食物。

　　繁殖：繁殖期4—6月。营巢于各种树洞中。每窝产卵6～8枚。孵化期13～18d。育雏期22～26d。

　　国内分布：分布于西藏东南部、四川、云南、贵州西部、广西西部、福建、江西。

栗腹䴓 *Sitta castanea*

雀形目（PASSERIFORMES）>䴓科（Sittidae）>䴓属（*Sitta*）

本地分布： 力所乡 勐卡镇 勐梭镇 翁嘎科镇 新厂镇 岳宋乡 中课镇

遇见月份： 1 2 3 4 5 6 7 8 9 10 11 12

形态特征：体长13～16cm，体重17～24g。喙长，强直而尖，呈锥状；鼻孔多覆以鼻羽或垂悬有鼻须；体羽较松软，跗跖后缘被两片盾状鳞；后趾发达，远较内趾为长；翅较长而锐利，适于在树干攀缘；翅形尖长，每枚初级飞羽短，长度不及第二枚之半；尾短小而柔软，尾羽12枚，尾呈方形或略圆；脸颊的白色斑块与下体的深色成对比。雄鸟下体明显呈砖红色，黑色贯眼纹于后方宽展。雌鸟与普通䴓腹部较深色的亚种易混淆，但脸颊的白色斑块较大而显著；尾近端部有小块白斑。

生活习性：常在树干、树枝、岩石上等地方觅食昆虫、种子等。能在树干向上或向下攀行，啄食树皮下的昆虫，亦有时以螺旋形沿树干攀缘活动。

食性：食物以昆虫和松树种子为主，育雏期间主要以昆虫幼虫为食。

繁殖：在繁殖期利用啄木鸟的弃洞或在树干上自己凿洞。每窝产卵6～8枚。孵化期13～18d，育雏期22～26d。

国内分布：分布于西藏东南部、云南南部和广西西南部。

绒额䴓 *Sitta frontalis*

雀形目（PASSERIFORMES）>䴓科（Sittidae）>䴓属（*Sitta*）

本地分布： 力所乡 勐卡镇 勐梭镇 翁嘎科镇 新厂镇 岳宋乡 中课镇

遇见月份： 1 2 3 4 5 6 7 8 9 10 11 12

　　形态特征： 体长10.2～13cm，体重11～17g。雄性成鸟前额和眼先绒黑色；黑色眉纹狭细，向后伸至枕侧；上体紫蓝色；头顶较鲜亮；中央尾羽表面暗紫蓝色，羽轴暗褐黑色；其余尾羽均呈黑色，外缘和羽端紫蓝色，外侧2～4枚尾羽内翈具白色次端斑；飞羽黑色，第3～5枚初级飞羽外翈基部和次级飞羽先端缘浅天蓝色，最内侧飞羽表面与背同色；耳羽葡萄紫色；颏、喉纯白色；下体烟灰棕色或淡葡萄棕色，或微渲染紫色；尾下覆羽灰棕褐色；两胁灰棕色；翅下覆羽白色。雌性成鸟与雄性成鸟相似，但无黑色眉纹，下体多葡萄紫色。

　　生活习性： 一般单个或结小群在乔木上活动，有时还与其他小型鸟类混群。性活泼，行动敏捷，能沿树干窜跃攀行，边鸣叫，边寻觅树干缝隙中的小虫，偶尔也在地上觅食。

　　食性： 主要以昆虫为食，如甲虫、椿象、飞虱和其他鞘翅目和鳞翅目昆虫，以及虫卵等，偶尔吃植物浆果。

　　繁殖： 繁殖期3—6月。巢多筑于阔叶树上的天然树洞中，也利用啄木鸟废弃的树洞作巢，有时也将一些裂隙扩大成适合的巢洞。每窝产卵3～6枚。卵白色，长卵圆形。

　　国内分布： 分布于云南（西部、西南部和东南部）、贵州（中部、西南部和南部）、广西（西南部）和海南。

虎斑地鸫 *Zoothera aurea*

雀形目（PASSERIFORMES）>鸫科（Turdidae）>地鸫属（*Zoothera*）

本地分布： 力所乡　勐卡镇　勐梭镇　翁嘎科镇　新厂镇　岳宋乡　中课镇

遇见月份： 1　2　3　4　5　6　7　8　9　10　11　12

　　形态特征： 体长 28～29.8cm，体重 11～14.8g。前额、头顶、背至尾上覆羽和肩羽全为橄榄黄褐色，各羽具白色纤细轴纹，羽基部灰褐色，羽端黑色并具有亮皮黄色次端斑，形成满布上体的横斑；眼先、眼圈淡黄白色；耳羽皮黄色，具黑褐色羽端；翅上小覆羽和中覆羽与背同色；大覆羽橄榄褐色，端缘亮皮黄色；初级飞羽羽端和基部黑色，形成显著的黑色翅斑；颈侧和胸部皮黄色，羽端黑褐色；下胸和胁部羽基白色，羽端具淡皮黄色并具黑褐色端斑；腹部至尾下覆羽近白色；翅下具有白色带状斑；腋羽白色，具宽阔的黑褐色端斑。

　　生活习性： 常单独活动。性谨慎，在地面行走、觅食，善于跳行，飞行时紧贴地面，遇到危险迅速飞至附近树上静止不动，很少出现于树冠层中。

　　食性： 主要以昆虫等无脊椎动物为食，也吃少量植物种子。

　　繁殖： 繁殖期 5—8 月。通常营巢于溪流两岸的混交林和阔叶林内，迁到东北繁殖地时已基本上成对。巢一般多置于距地不高的树干枝杈处，也发现一窝筑在采伐后留下的树桩上，树桩四周生长出来的幼苗成为巢的隐蔽物。每窝产卵 4～5 枚。孵化期 11～12d。雌雄亲鸟共同育雏，育雏期 12～13d。

　　国内分布： 分布于除新疆、西藏外的大部分地方。

黑胸鸫 *Turdus dissimilis*

雀形目（PASSERIFORMES）>鸫科（Turdidae）>鸫属（*Turdus*）

本地分布： 力所乡 勐卡镇 勐梭镇 翁嘎科镇 新厂镇 岳宋乡 中课镇

遇见月份： 1 2 3 4 5 6 7 8 9 10 11 12

　　形态特征： 体长19.4～23.6cm，体重60～76g。雄鸟除颏尖端有一点白色外，其余整个头、颈和上胸黑色；背、肩、腰，包括两翅和尾等其余上体概为暗石板灰色或黑灰色；腰和尾上覆羽稍淡，呈暗灰色；飞羽和尾羽黑色，羽缘灰色；下胸和两胁橙棕色或棕栗色；腋羽和翅下覆羽也为鲜橙棕色；腹部中央、肛周和尾下覆羽白色，有的可达下胸中部。雌鸟从头至尾整个上体暗橄榄褐色；头侧和耳覆羽灰黄褐色；耳羽具淡色羽轴纹；两翅黑色，羽缘橄榄色；尾同背，为暗橄榄褐色；颏、喉白色，喉具黑褐色条纹；上胸橄榄灰褐色，具有由明显的黑色斑点形成的纵纹；下胸、两胁、腋羽和翼下覆羽橙棕色；腹、肛周和尾下覆羽白色。

　　生活习性： 常单独或成对活动，有时也见成小群。地栖性，多在林下地上和灌丛间活动和觅食。性胆怯，善于隐蔽，常仅闻其声而难见其影。

　　食性： 主要以鞘翅目、直翅目、鳞翅目等昆虫为食，也吃蜗牛、蛞蝓和其他无脊椎动物以及植物果实和种子。

　　繁殖： 繁殖期5—7月。通常营巢于阴暗潮湿的常绿阔叶林或混交林中，偶尔也在灌丛和草丛掩盖下的地上营巢。巢置于林下枝叶茂密的小树或灌木上，距地高1～1.5m。营巢由雌雄亲鸟共同承担。通常每窝产卵3～4枚，雌雄亲鸟轮流孵卵。雏鸟晚成性，雌雄亲鸟共同育雏。

　　国内分布： 分布于云南、贵州、四川西南部、广西、西藏。

白眉鸫 *Turdus obscurus*

雀形目（PASSERLFORMES）>鸫科（Turdidae）>鸫属（*Turdus*）

本地分布：力所乡 勐卡镇 勐梭镇 翁嘎科镇 新厂镇 岳宋乡 中课镇

遇见月份： 1 2 3 4 5 6 7 8 9 10 11 12

　　形态特征：体长19～23cm，体重61～117g。雄鸟前额、头顶至后颈灰橄榄褐色，羽端缘黑褐色；眉纹白色；背至尾上覆羽和肩羽及翅上覆羽均为橄榄褐色；眼先绒黑色，颊斑白色；耳羽黑灰色或灰褐色，杂白色羽干细纹；颈侧灰褐色；飞羽内翈黑褐色，外翈橄榄褐色；尾羽黑褐色，中央尾羽表面渲染橄榄褐色，最外侧2对尾羽端缘白色；颏白色；喉灰褐色或淡黄白色，杂有灰褐色纵纹；胸和胁部橙黄色，上胸染灰褐色；腹部中央至尾下覆羽白色，尾下覆羽基部暗褐色。雌鸟与雄鸟相似，但头顶至后颈部多褐色渲染；喉部白色；胸和胁部的橙黄色较浅淡。

　　生活习性：主要栖息于海拔200～3140m的近水源或河谷的森林中，秋冬季常见成群于坝区和低山地带的榕树上取食果实。

　　食性：主要以鞘翅目、鳞翅目昆虫为食，也吃植物的果实和种子。

　　繁殖：繁殖期5—7月。通常营巢于林下小树或高的灌木枝杈上。窝卵数4～6枚。

　　国内分布：除西藏外，见于各省份。

红胁蓝尾鸲 *Tarsiger cyanurus*

雀形目（PASSERIFORMES）>鹟科（Muscicapidae）>鸲属（*Tarsiger*）

本地分布：力所乡 勐卡镇 勐梭镇 翁嘎科镇 新厂镇 岳宋乡 中课镇

遇见月份：1 2 3 4 5 6 7 8 9 10 11 12

形态特征：体长13～15cm，体重10～17g。雄鸟上体从头顶至尾上覆羽包括两翅内侧覆羽表面概灰蓝色；头顶两侧、翅上小覆羽和尾上覆羽特别鲜亮，呈辉蓝色；尾主要为黑褐色，中央一对尾羽具蓝色羽缘，外侧尾羽仅外翈羽缘稍沾蓝色，愈向外侧蓝色愈淡；翅上小覆羽和中覆羽辉蓝色，其余覆羽暗褐色，羽缘沾灰蓝色；飞羽暗褐色或黑褐色，最内侧第2、第3枚飞羽外翈沾蓝色，其余飞羽具暗棕色或淡黄褐色狭缘；眉纹白色沾棕色，自前额向后延伸至眼上方的前部转为蓝色；眼先、颊黑色；耳羽暗灰褐色或黑褐色，杂以淡褐色斑纹；颏、喉、胸棕白色；腹至尾下覆羽白色，胸侧灰蓝色；两胁橙红色或橙棕色。雌鸟上体褐色，下体污白色，胁部橙红黄色，仅尾上覆羽和尾羽有蓝色。

生活习性：常单独或成对活动，有时也见成3～5只的小群，尤其是秋季可见小群。主要为地栖性，多在林下地上奔跑或在灌木低枝间跳跃。性甚隐匿，除繁殖期间雄鸟站在枝头鸣叫外，一般多在林下灌丛间活动和觅食。

食性：繁殖期间主要以甲虫、小蠹虫、天牛、蚂蚁、泡沫蝉、尺蠖、金花虫、蛾类幼虫、金龟子、蚊、蜂等昆虫为食。迁徙期间除吃昆虫外，也吃少量植物果实与种子等植物性食物。

繁殖：繁殖期4—7月。通常每窝产卵4～7枚。孵卵由雌鸟承担，孵化期14～15d。雏鸟晚成性，孵出后由雌雄亲鸟共同育雏，育雏期12～14d。

国内分布：主要繁殖于东北和西南地区，越冬于长江流域和长江以南广大地区。

蓝眉林鸲 *Tarsiger rufilatus*

雀形目（PASSERLFORMES）>鹟科（Muscicapidae）>鸲属（*Tarsiger*）

本地分布：力所乡 勐卡镇 勐梭镇 翁嘎科镇 新厂镇 岳宋乡 中课镇

遇见月份：1 2 3 4 5 6 7 8 9 10 11 12

　　形态特征：体长12～14cm，体重11～14g。雄鸟上体蓝色；眉纹为鲜亮蓝色，从前额向后延伸至枕侧；喙基无白色斑块；眼光、眼圈和颊部及耳羽均呈蓝黑色；颏、喉至胸纯白色；胸和腹部中央至尾下覆羽白色。雌鸟上体褐色，下体污白色，两胁橙红色，腰和尾上覆羽蓝色而沾绿褐色。

　　生活习性：主要栖息于海拔1500m以上的山地常绿阔叶林、针阔混交林和林缘灌丛地带，迁徙及越冬时下至低山丘陵山脚平原的次生林、疏林灌丛小路旁活动。常单独或成对活动。

　　食性：主要以昆虫为食。

　　繁殖：繁殖期4—7月。通常每窝产卵4～7枚。孵化期14～15d，育雏期12～14d。

　　国内分布：分布于西南地区。

白喉短翅鸫 *Brachypteryx leucophris*

雀形目（PASSERIFORMES）>鹟科（Muscicapidae）>短翅鸫属（*Brachypteryx*）

本地分布：力所乡 勐卡镇 勐梭镇 翁嘎科镇 新厂镇 岳宋乡 中课镇

遇见月份： 1 2 3 4 5 6 7 8 9 10 11 12

  形态特征：体长12～13cm，体重14～16g。雄鸟头顶、后颈及颈侧和背部均为红褐色；眉纹白色；翅和尾羽暗褐色；眼先黑褐色，眼圈黄褐色；颊和耳羽黄褐色；腹部至尾下翼羽白色；喉部白色而沾棕褐色；胸带和两胁棕黄褐色较显著。雌鸟与雄鸟相似，但上体褐色较深。

  生活习性：主要栖息于林下植物发达的常绿阔叶林中，尤以靠近溪流与河谷附近的常绿阔叶林中较常见。栖息海拔高度多在1000～2500m，秋冬季节也常下到海拔1000m以下的山脚林缘灌丛、疏林草坡和废弃的农田荒野等开阔地带。常单独或成对活动，很少成群。性胆怯，多在林下灌丛或草丛中活动，有时也站立在小灌木枝头，一见人就飞入灌丛中。

  食性：主要以昆虫为食，也吃小型软体动物、甲壳类等其他无脊椎动物。

  繁殖：繁殖期在4月末至7月间。营巢于树上或灌丛、竹丛、灌木低枝和岩石间。每窝产卵3～4枚。卵橄榄绿色，杂有褐色斑点。雌雄亲鸟轮流孵卵。

  国内分布：分布于云南、四川、湖南、广西、广东、福建等地。

鹊鸲 *Copsychus saularis*

雀形目（PASSERIFORMES）＞鹟科（Muscicapidae）＞鹊鸲属（*Copsychus*）

本地分布：力所乡 勐卡镇 勐梭镇 翁嘎科镇 新厂镇 岳宋乡 中课镇

遇见月份：1 2 3 4 5 6 7 8 9 10 11 12

形态特征：体长17.8～22.7cm，体重32～50g。雄鸟整个头部和上体呈具蓝色金属光泽的黑色；翼黑褐色，翼上小覆羽、中覆羽、次级覆羽和内侧次级飞羽外翈均为白色，使得翼上形成一道明显的白色翼斑；中央尾羽黑色，外侧尾羽白色，尾基部具有黑斑；颏、喉、颊、颈侧至上胸均为和头部一样的亮蓝黑色；下胸、腹至尾下覆羽白色；虹膜褐色；喙黑色；脚黑褐色。雌鸟和雄鸟相似，但雌鸟上体偏暗灰褐色，下体白色部分泛棕灰色。

生活习性：主要栖息于海拔2000m以下的低山丘陵和山脚平原地带的次生林、竹林、林缘疏林灌丛和小块丛林等开阔地方，尤以村寨和居民点附近的小块丛林、灌丛、果园以及耕地、路边和房前屋后树林与竹林较常见，甚至出现于城市公园和庭院树上。

食性：主要以昆虫为食。所吃食物种类常见的有金龟甲、瓢甲、锹形甲、步行虫、蝼蛄、蟋蟀、浮尘子、蚂蚁、蝇、蜂、蛹等鞘翅目、鳞翅目、直翅目、膜翅目、双翅目、同翅目、异翅目等昆虫。此外，也吃蜘蛛、小螺、蜈蚣等其他小型无脊椎动物，偶尔也吃小蛙等小型脊椎动物和植物果实与种子。

繁殖：繁殖期3—8月。通常营巢于树洞、墙壁、洞穴以及房屋屋檐缝隙等建筑物洞穴中，有时也在树枝枝丫处营巢。通常每窝产卵4～6枚。孵卵由雌雄亲鸟共同承担，孵化期12～14d。

国内分布：广泛分布于长江流域及其以南地区。

白腰鹊鸲 *Kittacincla malabarica*

雀形目（PASSERIFORMES）>鹟科（Muscicapidae）>白腰鹊鸲属（*Kittacincla*）

本地分布： 力所乡 勐卡镇 勐梭镇 翁嘎科镇 新厂镇 岳宋乡 中课镇

遇见月份： 1 2 3 4 5 6 7 8 9 10 11 12

　　形态特征：体长20～28cm，体重26～36g。雄鸟整个头、颈、背、胸黑色，具蓝色金属光泽；腰和尾上覆羽白色；尾呈凸状，黑色，甚长，尾长约为体长的1倍，外侧尾羽具宽的白色端斑；胸以下栗黄色或棕色。雌鸟头颈沾棕色；腰和尾上覆羽白色；胸以下栗黄色；喙形粗健而直；尾呈凸尾状，尾与翅几乎等长或较翅稍长；两性羽色相同，但雄鸟的黑色部分在雌鸟则替代以灰色或褐色。虹膜褐色，喙黑褐色或黑色，跗跖、趾和爪棕黄色或肉色。

　　生活习性：主要栖息于海拔1500m以下的低山丘陵和山脚平原地带的茂密热带森林中，尤以林缘、路旁次生林、竹林和疏林灌丛地区较常见。多单独活动，性胆怯，常隐藏在林下灌木丛中活动。善鸣叫，鸣叫时尾直竖，鸣声清脆婉转，悦耳多变，特别是繁殖期间雄鸟鸣叫甚为动听，其他季节多在早晚鸣叫。在林下地上或灌木低枝上觅食。

　　食性：主要以甲虫、蜻蜓、蚂蚁等昆虫为食。

　　繁殖：繁殖期4—6月。通常营巢于天然树洞中。每窝产卵4～5枚。孵卵由雌鸟承担，孵化期12～13d。

　　国内分布：分布于云南西南部和南部、海南和台湾。

蓝额红尾鸲 *Phoenicuropsis frontalis*

雀形目（PASSERLFORMES）>鹟科（Muscicapidae）>红尾鸲属（*Phoenicuropsis*）

本地分布：力所乡 勐卡镇 勐梭镇 翁嘎科镇 新厂镇 岳宋乡 中课镇

遇见月份：1 2 3 4 5 6 7 8 9 10 11 12

形态特征：体长14～16cm，体重15～22g。雄鸟额及眉纹辉钴蓝色；头顶至上背和肩羽深蓝色，羽端缀黄褐色；眼先、颊和耳羽及颏、喉至上胸暗蓝色；翅黑褐色；内侧飞羽狭缘淡棕黄色，外侧飞羽狭缘淡褐色；下背、腰至尾上覆羽浓棕黄色；中央尾羽近端部黑色，基部和外侧尾羽棕黄色，外侧尾羽有宽阔的黑褐色端斑；下胸和胁部及尾下覆羽棕黄色；腹部淡棕黄色。雌鸟上体暗棕黄褐色；有明显的白色眼圈；飞羽黑褐色；大覆羽和内侧飞羽具淡黄褐色端缘；腰和尾上覆羽及尾羽的羽色似雄鸟，但棕黄色浅淡；颈侧和胸暗棕褐色；颏、喉浅淡而沾灰色；腹部、两胁、腋羽及尾下覆羽黄褐色。

生活习性：主要栖息于海拔300～3200m的高山灌丛及针叶林地带，单个或成对活动于灌丛和草坡地带，也见于城市园林中。

食性：主要以鞘翅目、鳞翅目昆虫为食，也吃植物果实。

繁殖：繁殖期5—8月。窝卵数3～5枚。由雌雄亲鸟共同育雏。

国内分布：分布于山东，陕西南部，内蒙古西部，宁夏，甘肃，西藏，青海南部、东部，云南，四川，重庆，贵州，湖北，湖南，江西，上海，浙江，广东，广西等地。

北红尾鸲 *Phoenicurus auroreus*

雀形目（PASSERIFORMES）>鹟科（Muscicapidae）>红尾鸲属（*Phoenicurus*）

本地分布：力所乡 勐卡镇 勐梭镇 翁嘎科镇 新厂镇 岳宋乡 中课镇

遇见月份：1 2 3 4 5 6 7 8 9 10 11 12

形态特征：体长12.7～15.9cm，体重13～22g。雄鸟额、头顶、后颈至上背灰色或深灰色，个别个体为灰白色；下背黑色腰和尾上覆羽橙棕色；中央一对尾羽黑色，最外侧一对尾羽外翈具黑褐色羽缘，其余尾羽橙棕色；两翅覆羽和飞羽黑色或黑褐色，次级飞羽和三级飞羽基部白色，形成一道明显的白色翅斑；前额基部、头侧、颈侧、颏、喉和上胸黑色，其余下体橙棕色；秋季刚换上的新羽上体灰色和黑色部分均具暗棕色或棕色羽缘，飞羽和覆羽亦缀有淡棕色

羽缘；颏、喉、上胸等黑色部分具灰色窄缘。雌鸟额、头顶、头侧、颈、背、两肩以及两翅内侧覆羽橄榄褐色；其余翅上覆羽和飞羽黑褐色，具白色翅斑，但较雄鸟小；腰、尾上覆羽和尾淡棕色，中央尾羽暗褐色，外侧尾羽淡棕色；下体黄褐色；胸沾棕色；腹中部近白色；眼圈微白色。虹膜暗褐色，喙、脚黑色。

生活习性：常活动于林缘、河谷、村庄附近等地，冬季出现在各种阔叶林地、灌丛环境，也会出现在城市内。常单独或成对活动。行动敏捷，频繁地在地上和灌丛间跳来跳去啄食虫子，偶尔也在空中飞翔捕食。

食性：主要以昆虫为食。

繁殖：繁殖期4—7月。营巢由雌雄亲鸟共同承担，常筑巢于岩缝、墙洞中。每窝产卵6～8枚。孵卵全由雌鸟承担，雄鸟在巢附近警戒，孵化期13d。雏鸟晚成性。

国内分布：除新疆、西藏西部、青海西部外，遍布各地。

红尾水鸲 *Rhyacornis fuliginosa*

雀形目（PASSERIFORMES）>鹟科（Muscicapidae）>水鸲属（*Rhyacornis*）

本地分布： 力所乡 勐卡镇 勐梭镇 翁嘎科镇 新厂镇 岳宋乡 中课镇

遇见月份： 1 2 3 4 5 6 7 8 9 10 11 12

形态特征：体长11～14cm，体重15～28g。雄鸟头顶、后颈至背暗灰蓝色；两翅黑褐色，覆羽灰蓝色；尾部栗红色；喉和胸部深灰蓝色；腹部灰蓝色。雌鸟上体灰褐色沾橄榄色；翅黑褐色；大、中覆羽端部有白点，形成2道白色点斑；腰和尾上、尾下覆羽白色；尾羽暗褐色；下体灰白色，羽基和羽缘深灰色，成鳞状斑纹。

生活习性：主要栖息于山地溪流与河谷沿岸，尤以多石的林间或林缘地带的溪流沿岸较常见，也出现于平原河谷和溪流，偶尔也见于湖泊、水库、水塘岸边。

食性：主要以昆虫为食，如鞘翅目、鳞翅目、膜翅目、双翅目、半翅目、直翅目、蜻蜓目等昆虫。此外，也吃少量植物果实和种子，如草莓、悬钩子、荚蒾、胡颓子、马桑和草籽等。

繁殖：繁殖期3—7月。通常营巢于河谷与溪流岸边，巢多置于岸边悬岩洞隙、岩石或土坎下凹陷处，也在岸边岩石缝隙和树洞中营巢。每窝产卵3～6枚，雌鸟孵卵。雏鸟晚成性，雌雄亲鸟共同育雏。

国内分布：广泛分布于南部和东部的大部分地区。

白顶溪鸲 *Chaimarrornis leucocephalus*

雀形目（PASSERIFORMES）>鹟科（Muscicapidae）>溪鸲属（*Chaimarrornis*）

本地分布：力所乡 勐卡镇 勐梭镇 翁嘎科镇 新厂镇 岳宋乡 中课镇

遇见月份：1 2 3 4 5 6 7 8 9 10 11 12

　　形态特征：体长 15.6～20.2cm，体重 22～48g。雄性成鸟头顶至枕部白色；前额、眼先、眼上、头侧至背部深黑色，具光泽；腰、尾上覆羽及尾羽等均深栗红色，尾羽还具宽阔的黑色端斑；飞羽黑色；颏至胸部深黑色，具光泽；腹至尾下覆羽深栗红色。雌性成鸟与雄鸟同色，但羽色较雄体稍暗淡且少辉亮。虹膜暗褐色，喙、跗跖、趾及爪等均黑色。

　　生活习性：常栖于海拔 1800～4800m 的山区河谷、山涧溪流边的岩石上、河川的岸边、河中露出水面的巨大岩石间，有时也见于山谷或干涸的河床上，在平原地带很少见到。常单个或成对活动，有时也见到 3～5 只在一起互相追逐。在岩石上活动或站立时，尾部竖举，散开呈扇形，并上下不停地弹动。

　　食性：啄食直翅目、鞘翅目、膜翅目、半翅目、鳞翅目等昆虫，大多为水生种类，并兼食少量盲蛛、软体动物、野果和草籽等。

　　繁殖：繁殖期 4—6 月。巢通常筑在山涧急流岩岸的裂缝节、石头下、天然岩洞、树洞、岸旁树根间，偶尔也筑在水边或离水较远的树干上。通常每窝产卵 3～5 枚。双亲共同育雏。

　　国内分布：分布于华北、西北、华中、西南各地。

白尾蓝地鸲 *Myiomela leucura*

雀形目（PASSERLFORMES）>鹟科（Muscicapidae）>地鸲属（*Myiomela*）

本地分布： 力所乡 勐卡镇 勐梭镇 翁嘎科镇 新厂镇 岳宋乡 中课镇

遇见月份： 1 2 3 4 5 6 7 8 9 10 11 12

形态特征：体长15～19cm，体重23～32g。雄鸟前额、眉纹和翅角小覆羽为辉亮钴蓝色；头顶至背和肩羽及尾上覆羽黑色，羽端闪亮深蓝色；翅黑褐色，大、中覆羽外翈边缘缀有暗蓝色；中央尾羽和最外侧1对尾羽纯黑色，其余外侧尾羽大部黑色，外翈近基部白色，白色部分愈靠外侧愈短，构成明显的白色尾斑；眼先、眼圈、颊部、耳羽、颈侧、颏、喉纯黑色；下颈两侧的羽毛基部为白色，形成隐约可见的白斑；下体余部也呈黑色，胸、腹羽端微沾深蓝色。雌鸟上体暗橄榄黄褐色；眼圈淡皮黄色；眼先、颊部和耳羽黄褐色，羽干纹浅淡；翅暗褐色；覆羽和内侧飞羽表面与背同色，外侧飞羽外翈边缘棕黄色；尾羽黑褐色，外侧尾羽也有白斑，与雄鸟相似；下体黄褐色，胸部较深浓，颏、喉和腹部较浅淡；尾下覆羽淡棕白色。

生活习性：主要栖息于海拔640～2100m林下较为潮湿的地方或沟谷旁。多在地面活动，有时也在山地灌丛和树木的矮枝上活动。性警惕，畏人。

食性：主要以鞘翅目、鳞翅目昆虫为食。

繁殖：繁殖期4—8月。通常营巢于林下灌丛或岩石和倒木下，也在岩石缝隙或洞中营巢。每窝产卵3～4枚，偶尔5枚。雏鸟晚成性，雌雄共同育雏，育雏期13～15d。

国内分布：分布于河北北部、陕西南部、宁夏南部、甘肃东南部、西藏东南部、青海东部、云南、四川、重庆、贵州西部、湖北西部、湖南、江西、浙江、广东北部、香港、广西、海南等地。

紫啸鸫 *Myophonus caeruleus*

雀形目（PASSERIFORMES）>鹟科（Muscicapidae）>啸鸫属（*Myophonus*）

本地分布： 力所乡 勐卡镇 勐梭镇 翁嘎科镇 新厂镇 岳宋乡 中课镇

遇见月份： 1 2 3 4 5 6 7 8 9 10 11 12

形态特征：体长26～35.2cm，体重136～210g。眼先及额绒黑色；前额、头顶至背及肩羽和颈侧呈深紫蓝色，羽端具较密集的亮蓝色点斑；腰至尾上覆羽的深紫蓝色较暗而杂黑褐色，羽端的亮蓝色点斑不甚明显；翅和尾羽暗褐色，外表呈紫蓝色；翅上小覆羽端部有亮紫蓝色点斑，中覆羽尖端有白色扇形点斑；喉、胸和上腹部深紫蓝黑色，羽端缀亮紫正蓝色点斑；下腹部至尾下覆羽和胁部黑褐色而沾紫蓝色；腰和下胁部羽基白色，不显露其外。雌雄两性羽色相似。

生活习性：主要栖息于海拔1200～3000m的林区和河边岩石上。常见于阔叶林和混交林中多岩的山涧溪流沿岸。

食性：主要以双翅目、半翅目、鞘翅目等昆虫为食，也吃少量植物果实与种子。

繁殖：繁殖期4—7月。通常营巢于山涧溪流岸边。巢多置于溪边岩壁突出的岩石上或岩缝间，巢旁多有草丛或灌丛隐蔽，有时也营巢于庙宇上或树杈上。窝卵数通常3～5枚，雌雄亲鸟轮流孵卵。雏鸟晚成性，雌雄亲鸟共同育雏。

国内分布：分布广泛，自甘肃东南部和四川东部起，东至河北及浙江，南至广东和广西都可见。

小燕尾 *Enicurus scouleri*

雀形目（PASSERIFORMES）>鹟科（Muscicapidae）>燕尾属（*Enicurus*）

本地分布：力所乡 勐卡镇 勐梭镇 翁嘎科镇 新厂镇 岳宋乡 中课镇

遇见月份： 1 2 3 4 5 6 7 8 9 10 11 12

　　形态特征：体长 11.4～13.8cm，体重 14～20g。额部、头顶前部、腰和尾上覆羽为白色，腰部白色间横贯一道黑斑；上体余部黑色；两翅黑褐色，大覆羽先端及次级飞羽基部白色，形成一道明显的白色翼斑；中央尾羽先端黑褐色，基部白色；外侧尾羽的黑褐色逐渐缩小，而白色却逐渐扩大，至最外侧一对尾羽几乎全为白色；颏、喉和上胸黑色；下体余部白色；两胁略沾黑褐色。两性同色。

　　生活习性：主要栖息于海拔 1000～3500m 的山涧溪流与河谷沿岸，季节性垂直迁徙较明显。

　　食性：主要以鳞翅目、膜翅目、鞘翅目等水生昆虫为食。

　　繁殖：繁殖期 4—6 月。通常营巢于森林中山涧溪流沿岸岩石缝隙间和壁缝上，巢隐蔽甚好，不易被发现。窝卵数 2～4 枚。卵为卵圆形，白色、淡粉红色或淡绿色，被有红褐色或黄褐色斑点。孵卵由雌鸟承担。

　　国内分布：主要分布于南方大部分地区，如云南、浙江、广东、湖北等地。

白额燕尾 *Enicurus leschenaulti*

雀形目（PASSERIFORMES）>鹟科（Muscicapidae）>燕尾属（*Enicurus*）

本地分布：力所乡 勐卡镇 勐梭镇 翁嘎科镇 新厂镇 岳宋乡 中课镇

遇见月份：1 2 3 4 5 6 7 8 9 10 11 12

　　形态特征：体长 22.1～30.7cm，体重 37～52g。雌雄羽色相似。前额至头顶前部白色；头顶后部、枕、头侧、后颈、颈侧、背概为辉黑色（雌鸟头顶后部沾有浓褐色）；肩亦为辉黑色，具窄的白色端斑；下背、腰和尾上覆羽白色；尾长，呈深叉状；中央尾羽最短，往外侧尾羽依次变长，尾羽黑色，具白色基部和端斑，最外侧两对尾羽几乎全为白色；翅上覆羽黑色，翅上大覆羽具白色尖端；飞羽黑色，基部白色，与大覆羽白色端斑共同形成翅上显著的白色翅斑，内侧次级飞羽尖端亦为白色；额、喉至胸黑色，其余下体白色。

　　生活习性：主要栖息于山涧溪流与河谷沿岸，尤喜水流湍急、河中多石头的林间溪流，冬季也见于水流平缓的山脚平原河谷和村庄附近缺少树木隐蔽的溪流岸边。常单独或成对活动。

　　食性：主要以水生昆虫为食，所吃食物主要有鞘翅目、鳞翅目、膜翅目昆虫，以及蝗虫、蚱蜢、蚂蚁、蝇蛆、蜘蛛等。

　　繁殖：繁殖期4—6月。通常营巢于森林中水流湍急的山涧溪流沿岸岩石缝隙间。巢隐蔽甚好，不易被发现。每窝产卵3～4枚。孵卵由雌鸟承担。雏鸟晚成性，雏鸟孵出后的当天，雌雄亲鸟即开始寻食喂雏。

　　国内分布：主要分布于长江流域和长江流域以南的广大地区，北至河南南部、陕西南部、甘肃东南部和南部，西至四川、贵州和云南，南至广东、香港和海南。

黑喉石鵖 *Saxicola maurus*

雀形目（PASSERIFORMES）>鹟科（Muscicapidae）>石鵖属（*Saxicola*）

本地分布： 力所乡 勐卡镇 勐梭镇 翁嘎科镇 新厂镇 岳宋乡 中课镇

遇见月份： 1 2 3 4 5 6 7 8 9 10 11 12

　　形态特征： 体长11.5～14.6cm，体重12～24g。雄鸟整个头部为黑色，背和肩黑色微缀棕栗羽缘，至腰逐渐变灰；尾上覆羽白色；颈侧具白斑，具棕栗羽缘；飞羽黑褐色，外侧覆羽黑色而内侧覆羽白色；尾羽黑色；胸部栗棕色，至腹部逐渐变淡成淡栗棕色。

　　生活习性： 主要栖息于低山丘陵、平原、草地、沼泽、田间灌丛、旷野以及湖泊与河流沿岸附近灌丛草地。有时可至海拔4000m以上的高原地区活动，是一种分布广、适应性强的灌丛草地鸟类。

　　食性： 主要以昆虫为食，如蝗虫、蚱蜢、甲虫、金针虫、叶甲、金龟子、象甲、吉丁虫、螟蛾、叶丝虫、弄蝶科幼虫、舟蛾科幼虫、蜂、蚂蚁等昆虫，也吃蚯蚓、蜘蛛等其他无脊椎动物以及少量植物果实和种子。

　　繁殖： 繁殖期4—7月。每窝产卵5～8枚，1天产1枚卵。孵卵由雌鸟承担，孵化期11～13d。雏鸟晚成性，雌雄亲鸟共同育雏，育雏期12～13d。

　　国内分布： 分布于甘肃、新疆、青海、宁夏、四川、湖北、云南、陕西、西藏。

灰林鹏 *Saxicola ferreus*

雀形目（PASSERIFORMES）>鹟科（Muscicapidae）>石䳭属（*Saxicola*）

本地分布： 力所乡 勐卡镇 勐梭镇 翁嘎科镇 新厂镇 岳宋乡 中课镇

遇见月份： 1 2 3 4 5 6 7 8 9 10 11 12

　　形态特征： 体长14～15cm，体重14～16g。雄鸟上体灰色斑驳，醒目的白色眉纹及黑色脸罩与白色的颏及喉成对比；下体近白色，烟灰色胸带及至两胁；翼及尾黑色；飞羽及外侧尾羽羽缘灰色，内覆羽白色（飞行时可见）；停息时背羽有褐色缘饰；旧羽灰色重。雌鸟似雄鸟，但褐色取代灰色，腰栗褐色。幼鸟似雌鸟，但下体褐色具鳞状斑纹。虹膜深褐色，喙灰色，脚黑色。

　　生活习性： 栖于海拔350～2800m的开阔沟谷地带、灌丛、草丛、松林、草坡、林缘耕地、阔叶林或山洞溪旁等处。喜开阔灌丛及耕地，在同一地点长时间停栖，常停栖于电线上或居民点附近的篱笆上。尾摆动。在地面或于飞行中捕捉昆虫。常单独或成对活动，有时也集成3～5只的小群。

　　食性： 主要以昆虫为食，偶尔也吃植物果实、种子和草籽。

　　繁殖： 繁殖期5—7月。通常每窝产卵4～5枚。卵淡蓝色、绿色或蓝白色，被有红褐色斑点。孵卵主要由雌鸟承担，孵化期12d。雏鸟晚成性，雌雄亲鸟共同育雏，留巢期约15d。

　　国内分布： 分布于浙江、江西、福建、台湾、湖南、广东、广西、陕西、四川、贵州、云南等地。

蓝矶鸫 *Monticola solitarius*

雀形目（PASSERLFORMES）>鹟科（Muscicapidae）>矶鸫属（*Monticola*）

本地分布：力所乡 勐卡镇 勐梭镇 翁嘎科镇 新厂镇 岳宋乡 中课镇

遇见月份：1 2 3 4 5 6 7 8 9 10 11 12

形态特征：体长20～23cm，体重37～70g。雄鸟前额、头顶至背和肩羽及尾上覆羽灰蓝色，羽端缘淡黄褐色，并贯以黑褐色次端横斑，呈鳞状花纹；翅黑褐色；初级覆羽和大覆羽及内侧飞羽端缘淡灰白色，飞羽外缘淡灰蓝色；尾羽黑褐色，外缘灰蓝色；眼先和眼圈黑色；耳羽和颊部灰蓝色，斑杂黑褐色；下体灰蓝色，羽端缘淡灰白色，也贯以黑褐色横纹。雌鸟前额、头顶至上背灰褐色，多少沾染灰蓝色；下背至尾上覆羽和肩羽灰蓝色；羽端缘淡黄褐色，并贯以黑褐色次端横斑；两翅暗褐色；初级覆羽和大覆羽及内侧飞羽端缘淡灰白色；眼先、眼圈和颊淡灰白色，斑杂黑褐色；颏近白色；喉和颈侧及胸、腹部、两胁和尾下覆羽均呈淡棕白色，羽基和羽端缘黑褐色，呈鳞斑状花纹；胸部及尾下覆羽和腋羽染淡棕红色。

生活习性：主要栖息于海拔1400～2900m的石灰岩山地。常见单个活动于岩石间，有时站在房顶上，有时站在低处扫视地面后出击捕食，也可在地面蹦跳寻找食物，偶尔在空中飞行直接捕捉猎物。

食性：主要以鳞翅目、膜翅目、鞘翅目等昆虫为食，也吃植物的果实种子。

繁殖：繁殖期4—6月。繁殖于陡峭悬崖、岩石、石头、建筑物或采石场。窝卵数4～5枚。卵呈椭圆形，淡蓝色，光滑无斑。孵卵期16～17d，孵卵主要由雌鸟担任。雌雄亲鸟共同育雏。

国内分布：分布于中部、东部和南部的大部分地区。

栗腹矶鸫 *Monticola rufiventris*

雀形目（PASSERIFORMES）>鹟科（Muscicapidae）>矶鸫属（*Monticola*）

本地分布：力所乡 勐卡镇 勐梭镇 翁嘎科镇 新厂镇 岳宋乡 中课镇

遇见月份： 1 2 3 4 5 6 7 8 9 10 11 12

形态特征：体长21～23cm，体重48～61g。雄鸟从头到尾等整个上体亮钴蓝色，尤以头顶和腰最亮；上背和两肩沾黑色；眼先、颊、耳羽、头侧和颈侧黑色；翅上小覆羽和中覆羽与背相同，亦为钴蓝色沾黑色，其余翅覆羽和飞羽黑色，除最外侧两枚初级飞羽外，其余飞羽和覆羽外翈均沾钴蓝色；中央尾羽钴蓝色，外侧尾羽内翈暗褐色，外翈亦为钴蓝色，因而尾外表面亦为钴蓝色，尤以羽缘较辉亮，尾下表面则为黑褐色；颏、喉黑色而缀有蓝色，其余下体栗红色；腋羽和翅下覆羽为栗红色。

生活习性：主要栖息于海拔1500～3000m的山地常绿阔叶林、针阔混交林和针叶林中，尤以陡峻的悬崖和溪流深谷沿岸的针叶林和针阔混交林及其林缘地带较常见。常单独或成对活动，偶见集成小群。多停在乔木顶枝上，尾上下来回摆动，偶尔也将尾呈扇形散开。

食性：主要以甲虫、金龟子、蝗虫、蚱蜢、毛虫等昆虫为食，也吃蜗牛、软体动物、蜥蜴、蛙和小鱼等其他动物。

繁殖：繁殖期5—7月。通常营巢于悬崖或岩石缝隙中，也在石头下或树根间的洞隙中营巢。巢通常隐蔽。每窝产卵3～4枚。卵乳白色，被有红褐色斑点，钝卵圆形。孵卵主要由雌鸟承担。雏鸟晚成性。

国内分布：见于西藏、云南、四川、湖北、浙江、广西、贵州、广东、海南、福建等地。

乌鹟 *Muscicapa sibirica*

雀形目（PASSERIFORMES）>鹟科（Muscicapidae）>鹟属（*Muscicapa*）

本地分布： 力所乡 勐卡镇 勐梭镇 翁嘎科镇 新厂镇 岳宋乡 中课镇

遇见月份： 1 2 3 4 5 6 7 8 9 10 11 12

形态特征： 体长12～14cm，体重9～15g。雌雄羽色相似。上体乌灰褐色，头顶羽毛中部较暗；眼先和眼周白色或皮黄白色；虹膜暗褐色；喙黑褐色，下喙基部较淡；两翅覆羽和飞羽黑褐色，翅上大覆羽和三级飞羽羽缘淡棕白色，初级飞羽内翈羽缘棕褐色，次级飞羽羽缘白色；尾乌灰褐色或黑褐色；颏、喉白色或污白色；胸和两胁具粗阔的乌灰褐色纵纹或全为乌灰色；腹和尾下覆羽白色；脚黑色。

生活习性： 主要栖息于海拔800m以上的针阔混交林和针叶林中，往上可到林线上缘和亚高山矮曲林，在喜马拉雅山地区夏季可上到海拔3200～4200m的高度，在长白山夏季上到海拔1800m左右的高山岳桦矮曲林地带。在迁徙季节和冬季，也栖息于山脚和平原地带的落叶和常绿阔叶林、次生林和林缘疏林灌丛。除繁殖期成对，其他季节多单独活动。树栖性，常在高树树冠层，很少下到地上活动和觅食。多在树枝间跳跃和来回飞翔捕食，也在树冠枝叶上觅食。休息时多栖于树顶枝上，捕获食物后多回到原来的栖木上休息。

食性： 主要以昆虫为食。所吃食物主要为金龟甲、象甲、蝗虫、小蠹虫、金花虫、胡蜂、鳞翅目幼虫以及蚂蚁卵和蚊虫等，也吃少量植物种子。

繁殖： 繁殖期5—7月。通常营巢于针阔混交林和针叶林中树上，尤以山溪、河谷和林间疏林处的松树侧枝上较常见。每窝产卵4～5枚。主要由雌鸟孵卵。雏鸟晚成性，雌雄亲鸟共同育雏，雏鸟留巢期14～15d，幼鸟离巢后最初几天仍由亲鸟带领在树冠层中活动和觅食。

国内分布： 分布于除西藏中部、北部和新疆外的大多数地区。

北灰鹟 *Muscicapa dauurica*

雀形目（PASSERIFORMES）>鹟科（Muscicapidae）>鹟属（*Muscicapa*）

本地分布：力所乡 勐卡镇 勐梭镇 翁嘎科镇 新厂镇 岳宋乡 中课镇

遇见月份：1 2 3 4 5 6 7 8 9 10 11 12

　　形态特征：体长10.3～14.3cm，体重7～16g。雌雄羽色相似。额基、眼先、眼圈白色或污白色；虹膜暗褐色和黑褐色；喙黑色，下喙基部较淡，多呈黄白色，喙较宽阔；头顶至后颈、背、肩、腰、尾上覆羽和翅上覆羽概为灰褐色；飞羽和尾羽黑褐色，次级飞羽和三级飞羽羽缘棕白色，尤以三级飞羽羽缘棕白色较显著；翅上大覆羽具窄的黄白色端缘；下体白色或污白色；胸和两胁苍灰色；脚黑色。

　　生活习性：主要栖息于落叶阔叶林、针阔混交林和针叶林中，尤其是山地溪流沿岸的混交林和针叶林较常见。常单独或成对活动，偶尔成3～5只的小群，停息在树冠层中下部侧枝或枝杈上，当有昆虫飞来，则迅速飞起捕捉，然后又飞落到原处。

　　食性：主要以昆虫为食。所吃昆虫主要有叶蜂、蚂蚁、姬蜂、叩头虫、象甲、泡沫虫、蝇、蛾类等鞘翅目、鳞翅目、直翅目、膜翅目等昆虫。此外，偶尔吃少量蜘蛛和花等其他无脊椎动物和植物性食物。

　　繁殖：繁殖期5—7月。通常营巢于森林中乔木树枝杈上，尤其在水平侧枝枝杈上较多，一般离主干1～2m，距地高3～10m。每窝产卵4～6枚，孵卵主要由雌鸟承担。雏鸟晚成性。

　　国内分布：分布于除西藏中部和北部、新疆外的大多数地区。

褐胸鹟 *Muscicapa muttui*

雀形目（PASSERIFORMES）>鹟科（Muscicapidae）>鹟属（*Muscicapa*）

本地分布： 力所乡 勐卡镇 勐梭镇 翁嘎科镇 新厂镇 岳宋乡 中课镇

遇见月份： 1 2 3 4 5 6 7 8 9 10 11 12

形态特征：体长10.4～12.5cm，体重12.5～13.5g。额至头顶暗橄榄褐色或暗灰褐色，头部羽毛有不明显的暗色中央纹，眼先和眼圈白色，胸部具黄褐色斑，无翼斑，翼羽羽缘棕色，腰偏红色，臀皮黄色，腿色淡。雌雄羽色相似。

生活习性：栖息于海拔1700m以下的低山和山麓地带的森林、竹林和林缘疏林灌丛中。常见于茂密树丛及竹林中。

食性：主要以鞘翅目、鳞翅目、直翅目、膜翅目等昆虫为食。

繁殖：繁殖期5—6月。通常营巢于树洞、藤本植物丛和灌丛中，也在岸边岩坡洞穴中营巢。窝卵数3～5枚，卵灰绿色或橄榄绿色。主要由雌鸟孵化。

国内分布：主要分布于西南地区，如甘肃东南部、四川、贵州、广西及云南等地，此外东部地区也有分布，如浙江、香港、台湾等地。

棕尾褐鹟 *Muscicapa ferruginea*

雀形目（PASSERIFORMES）>鹟科（Muscicapidae）>鹟属（*Muscicapa*）

本地分布： 力所乡 勐卡镇 勐梭镇 翁嘎科镇 新厂镇 岳宋乡 中课镇

遇见月份： 1 2 3 4 5 6 7 8 9 10 11 12

形态特征：体重9～16g，体长10.9～12.2cm。雌雄羽色相似。前额、头顶至后颈暗灰褐色，后颈稍淡，到背、肩、翅上小覆羽变为红褐色，到腰和尾上覆羽更红亮呈栗色和栗棕色；尾红褐色，尾羽尖端较暗，外翈端部一半淡褐色；翅上中覆羽和大覆羽褐色，羽缘和尖端栗色，飞羽和初级覆羽黑褐色，次级飞羽具宽的栗色羽缘；眼圈白色或棕白色，眼先和耳覆羽混杂有茶黄色和灰褐色；颏、喉白色；胸棕色，羽毛中央褐色，在胸部形成很多褐色斑点；两胁和尾下覆羽栗色；腹中部白色。

生活习性：主要栖息于海拔1700m以下的山地常绿和落叶阔叶林、针叶林、针阔混交林和林缘灌丛地带，在西藏和喜马拉雅山地区，夏季可上到海拔2500～3000m的山地森林中。

食性：主要以鞘翅目、鳞翅目、直翅目、膜翅目等昆虫为食，也吃蜘蛛等其他无脊椎动物性食物。

繁殖：繁殖期5—7月，营巢于树林中树上枝杈间，距地高2～15m，也在树洞和岩隙间营巢。每窝产卵3枚。

国内分布：主要分布于南方地区，繁殖于台湾、甘肃南部、陕西南部、四川、云南西部及西藏东南部。冬季南迁，部分鸟在台湾及海南越冬。

橙胸姬鹟 *Ficedula strophiata*

雀形目（PASSERIFORMES）>鹟科（Muscicapidae）>姬鹟属（*Ficedula*）

本地分布： 力所乡 勐卡镇 勐梭镇 翁嘎科镇 新厂镇 岳宋乡 中课镇

遇见月份： 1 2 3 4 5 6 7 8 9 10 11 12

　　形态特征：体长11～15.5cm，体重10～16g。雄鸟上体灰褐色；前额基部黑色；额有一窄的白色横带至眼上，白纹上面有一暗灰色狭纹向后延伸至眼和耳羽上方；颊、耳覆羽和颈侧暗灰色；头侧、颏、喉黑色；上胸中部棕橙色，下胸和胸侧暗灰色；腹灰白色或白色；腰和尾上覆羽沾棕黄色；尾黑褐色，尾羽基部白色；两胁淡橄榄褐色；腋羽和翅下覆羽淡棕色；尾下覆羽白色。雌鸟和雄鸟大致相似，但额基无黑色，额部白色横斑较细窄而不明显，头侧、颏、喉不为黑色而为暗灰色，上胸橙棕色块斑较雄鸟小而且色较淡，其余似雄鸟。

　　生活习性：主要栖息于海拔3000m以下的山地常绿阔叶林、针阔混交林和杂木林中，夏季有时也上到海拔3800m的高山矮曲林和疏林灌丛。非繁殖期常见于在低山山麓，尤其喜欢在溪边岩石、林缘耕地附近的低矮树丛和灌丛中活动，偶见于宅旁、庭院中树上。

　　食性：主要以鞘翅目、鳞翅目、直翅目、膜翅目等昆虫为食，也吃植物嫩叶和果实。

　　繁殖：繁殖期5—7月。营巢于小的天然树洞中，巢距地高1.5～3m。窝卵数为3～4枚。卵白色，光滑无斑，为椭圆形。

　　国内分布：主要分布于西南部，如西藏东部、云南、四川等地。此外，在东南沿海省份也有分布，如广东、香港、海南等地。

红喉姬鹟 *Ficedula albicilla*

雀形目（PASSERIFORMES）>鹟科（Muscicapidae）>姬鹟属（*Ficedula*）

本地分布： 力所乡 勐卡镇 勐梭镇 翁嘎科镇 新厂镇 岳宋乡 中课镇

遇见月份： 1 2 3 4 5 6 7 8 9 10 11 12

形态特征：体长11～13.2cm，体重8.2～14.2g。前额、头顶、头侧、背、肩一直到腰概为灰褐色或灰黄褐色；眼先和眼周白色或污白色；耳羽灰黄褐色，杂有细的棕白色纵纹；翅上覆羽和飞羽暗灰褐色，羽缘较淡；颏、喉橙红色（秋羽橙红色变为白色）；颧区、喉侧和胸淡灰色；腹和尾下覆羽白色或灰白色；两胁灰色，有的微沾橙红色；尾黑色，尾上覆羽黑褐色或黑色，除一对中央尾羽外，其余尾羽基部一半为白色。

生活习性：主要栖息于低山丘陵和平原地带的阔叶林、针阔混交林和针叶林中，非繁殖季节常见于林缘疏林灌丛、次生林、杂木林和庭院与农田附近小林内，尤其在溪流和林区公路附近疏林灌丛中较常见。

食性：主要以鞘翅目、鳞翅目、双翅目昆虫为食。

繁殖：繁殖期5—7月。通常营巢于森林中沿河一带的老龄树洞或啄木鸟啄出的树洞中，也在树的裂缝中营巢。窝卵数4～7枚。

国内分布：各地广布。

棕胸蓝姬鹟 *Ficedula hyperythra*

雀形目（PASSERIFORMES）>鹟科（Muscicapidae）>姬鹟属（*Ficedula*）

本地分布： 力所乡 勐卡镇 勐梭镇 翁嘎科镇 新厂镇 岳宋乡 中课镇

遇见月份： 1 2 3 4 5 6 7 8 9 10 11 12

形态特征：体长10～10.9cm，体重8.5～10.5g。雄鸟上体青石蓝色，细窄而短却醒目的白色眉纹几乎与额相接；颊、耳羽、眼先和颏黑色；喉、胸亮橙栗色，到腹和两胁转为淡棕色，腹中部和尾下覆羽白色；飞羽暗褐色，尾羽基部白色。雌鸟整个上体包括两翅和尾橄榄褐色；腰沾棕黄色；初级覆羽暗褐色；飞羽褐色，尾羽褐色；前额、眼圈和眉纹锈皮黄色；下体赭色，胸和两胁较暗，颏和腹较淡。

生活习性：主要栖息于海拔1500m以下的常绿和落叶阔叶林及竹林中，也栖于针阔混交林、次生林和林缘疏林灌丛草地，秋冬季节常见于山麓和平原以及村寨和农田附近的小树丛和灌丛中。

食性：主要以鞘翅目昆虫及鳞翅目幼虫为食。雏鸟几乎全部以昆虫幼虫为食。

繁殖：繁殖期4—6月。巢多置于天然树洞和啄木鸟废弃的巢洞中。营巢活动主要由雌鸟承担，但雄鸟也参与部分营巢活动。窝卵数为4～6枚。卵污白色，光滑无斑点。孵卵主要由雌鸟承担，雄鸟偶尔也参与孵卵，孵化期13d，留巢期12～15d。

国内分布：主要分布于西南部，如云南、四川、贵州等地。此外南部地区也有分布，如广西、海南、台湾等地。

小斑姬鹟 *Ficedula westermanni*

雀形目（PASSERIFORMES）>鹟科（Muscicapidae）>姬鹟属（*Ficedula*）

本地分布： 力所乡 勐卡镇 勐梭镇 翁嘎科镇 新厂镇 岳宋乡 中课镇

遇见月份： 1 2 3 4 5 6 7 8 9 10 11 12

形态特征： 体长10～11.1cm，体重7～9g。雄鸟上体包括两翅和尾黑色，具暗蓝色光泽；眉纹白色，长而宽阔，自额基向后延伸至后颈；眼先、脸颊、耳羽和头侧黑色，在翅上形成大块白斑；尾黑色，除中央一对尾羽外，其余尾羽基部白色；下体白色；两胁沾灰色。雌鸟暗橄榄灰色；腰、尾上覆羽和尾或多或少沾棕，多呈暗棕褐色或褐色；两翅暗褐色；下体烟灰白色；颏、喉和腹中部白色。

生活习性： 夏季主要栖息于海拔1000～3000m的山地常绿阔叶林和针阔混交林和竹林中，常见于河谷与林缘地带有老龄树木的疏林中，偶见于于次生林和人工林内；冬季常见于山麓和邻近的平原地带，偶见于居民点附近的小树丛和果园中。

食性： 主食天牛科、拟天牛科成虫、叩头虫、瓢虫、象甲、金花虫等鞘翅目昆虫，雏鸟几乎全部以昆虫幼虫为食。

繁殖： 繁殖期4—6月。巢多置于天然树洞和啄木鸟废弃的巢洞中。窝卵数3～4枚。卵呈椭圆形，橄榄色，沾染有淡黄色或黄绿色，被有细小的红褐色或橘红色斑点。雌雄轮流孵卵，孵化期13d。

国内分布： 主要分布于西南地区，如西藏东南部、云南西南部、贵州南部及广西等地。

玉头姬鹟 *Ficedula sapphira*

雀形目（PASSERIFORMES）>鹟科（Muscicapidae）>姬鹟属（*Ficedula*）

本地分布：力所乡 勐卡镇 勐梭镇 翁嘎科镇 新厂镇 岳宋乡 中课镇

遇见月份： 1 2 3 4 5 6 7 8 9 10 11 12

　　形态特征：体长10.5～11cm，体重10g。雄鸟前额、头顶、枕、腰和尾上覆羽辉玉蓝色或钻蓝色；额基、眼先和贯眼纹黑色；头侧、后颈、背、肩深紫蓝色或暗蓝色；尾黑色；颏、喉和上胸橙棕色或白色，胸侧暗蓝色或蓝黑色，从下胸向胸中部延伸，在下胸中部相遇形成一条胸带；胸以下的其余下体淡蓝灰白色或白色，有的微沾棕；腋羽和尾下覆羽白色。雌鸟上体灰橄榄褐色或橄榄棕褐色；额和腰沾棕；尾上覆羽亮棕色或锈红色，尾羽褐色或黑褐色，外翈羽缘沾棕；眼先和眼圈棕白色；头侧、颈和胸侧色同背但稍淡；颏、喉、胸橙棕色或棕白色；其余下体白色或灰白色沾棕色。

　　生活习性：栖息于海拔2000m以下的常绿阔叶林、栎林和次生林中，常见于海拔900～2000m的丘陵森林中。

　　食性：主要以鞘翅目、鳞翅目、直翅目、膜翅目等昆虫为食。

　　繁殖：繁殖期5—6月。营巢于陡岸坑穴或树洞中，也在枯死的树洞中营巢。窝卵数为3～4枚。主要由雌鸟孵卵，由雌雄亲鸟共同哺育。

　　国内分布：主要分布于西南地区，如陕西南部、四川西部及云南等地。

铜蓝鹟 *Eumyias thalassinus*

雀形目（PASSERIFORMES）>鹟科（Muscicapidae）>铜蓝鹟属（*Eumyias*）

本地分布：力所乡 勐卡镇 勐梭镇 翁嘎科镇 新厂镇 岳宋乡 中课镇

遇见月份： 1 2 3 4 5 6 7 8 9 10 11 12

形态特征：体长12.3～17.5cm，体重13～23g。雄鸟通体辉铜蓝色，尤以额、头侧、喉、胸较鲜亮；额基和眼先黑色，并延伸到眼下方和颊部；两翅和尾表面颜色同背或为辉绿蓝色；尾下覆羽具白色端斑。雌鸟和雄鸟大致相似，但体色较暗，不如雄鸟鲜艳，尤其是下体，多呈灰蓝色而少铜蓝色，眼先和颊白色而具灰色斑点。

生活习性：主要栖息于海拔900～3700m的常绿阔叶林、针阔混交林和针叶林等山地森林和林缘地带。非繁殖季常见于山脚和平原地带的次生林、人工林、果园、农田等地。

食性：主要以鳞翅目、鞘翅目、直翅目等昆虫为食，也吃部分植物果实和种子。

繁殖：繁殖期5—7月。通常营巢于岸边、岩坡和树根下的洞中或石隙间，也在树洞、废弃房舍墙壁洞穴中营巢。窝卵数3～5枚。卵白色或粉红白色，有的在钝端被有暗色斑点。

国内分布：主要分布于西南地区，如陕西、云南、贵州、广西、四川等地。此外，在东部地区也有分布，如浙江、广东、台湾等地。

山蓝仙鹟 *Cyornis whitei*

雀形目（PASSERIFORMES）>鹟科（Muscicapidae）>蓝仙鹟属（*Cyornis*）

本地分布： 力所乡 勐卡镇 勐梭镇 翁嘎科镇 新厂镇 岳宋乡 中课镇

遇见月份： 1 2 3 4 5 6 7 8 9 10 11 12

形态特征：体长12.9～15.4cm，体重12～20g。雄鸟额基和眼先黑色，额和眉纹辉天蓝色，其余上体包括两翅和尾表面青蓝色或暗蓝色；颊、耳羽、头侧黑色；尾黑褐色；下体仅颏基黑色，其余颏、喉、胸、上腹和两胁橙棕色或橙色，下腹和尾下覆羽白色。雌鸟上体橄榄褐色或橄榄灰褐色；额基、眼圈淡棕色；两翅和尾暗褐色，羽缘淡棕色，尾上覆羽和尾更显棕红；颏、喉、胸棕红色或淡赭色；两胁淡棕色；腹中央和尾下覆羽白色，有时尾下覆羽沾淡棕色。

生活习性：主要栖息于海拔1200m以下的常绿和落叶阔叶林、次生林和竹林中。在云南西部，夏天有时可上到海拔2500m左右的中山地区。

食性：主要以膜翅目、鞘翅目等昆虫为食，也吃少量植物果实和种子。

繁殖：繁殖期4—6月，通常营巢于树丛和竹林中。窝卵数4～5枚。

国内分布：主要分布于西南地区，如四川、云南、贵州等地。此外，在东部地区也有分布，如香港、澳门、湖南等地。

蓝喉仙鹟 *Cyornis rubeculoides*

雀形目（PASSERIFORMES）>鹟科（Muscicapidae）>蓝仙鹟属（*Cyornis*）

本地分布： 力所乡 勐卡镇 勐梭镇 翁嘎科镇 新厂镇 岳宋乡 中课镇

遇见月份： 1 2 3 4 5 6 7 8 9 10 11 12

　　形态特征： 体长13.1～14.5cm，体重11～15g。雄鸟额及眉纹鲜明的天蓝色；眼先及额基黑色；耳羽暗蓝黑色；上体及翅与尾的表面概暗蓝色；颏、喉及颈的两侧深暗；胸橙红色并向上伸入喉的中部；上腹及两胁逐渐变淡；下腹及尾下覆羽纯白色。雌鸟上体橄榄褐色；腰及尾上覆羽棕褐色；翅上覆羽与背部相似；尾羽为鲜明的棕褐色，外缘更为明亮；前额线及眼先棕皮黄色；眼周皮黄色；喉近白色；胸部淡橙黄色；两胁橄榄灰黄色；腹及尾下覆羽白色；腋羽及翅下覆羽皮黄色。

　　生活习性： 主要栖息于海拔1500m以下的低山和山麓地带的常绿和落叶阔叶林、针叶林、针阔混交林和竹林中。常见于溪流与河谷沿岸的森林和灌丛，偶见于农田和村寨附近灌丛。

　　食性： 主要以昆虫为食。

　　繁殖： 繁殖期3—8月。巢通常在树洞中。窝卵数3～5枚。

　　国内分布： 主要分布于西南部，如西藏东南部、云南西部等地。

棕腹大仙鹟 *Niltava davidi*

雀形目（PASSERLFORMES）>鹟科（Muscicapidae）>仙鹟属（*Niltava*）

二级

本地分布： 力所乡 | 勐卡镇 | 勐梭镇 | 翁嘎科镇 | 新厂镇 | 岳宋乡 | 中课镇

遇见月份： 1 | 2 3 4 5 6 7 8 9 10 11 12

形态特征：体长14～18cm，体重22～28g。雄鸟前额、眼先、头侧、颏及喉黑色，但后两者带蓝色光泽；头顶前部及眉纹和颈侧块斑呈鲜明的钴蓝色；后头、颈、肩以及两翅的表面均为深蓝色；飞羽及覆羽黑褐色，具深蓝色羽缘；腰及尾上覆羽海蓝色；尾羽暗褐色，除中央尾羽为暗蓝色外，其余尾羽仅外翈蓝色；尾上覆羽有不大明显黑色楔状羽干斑；下体自胸以下为栗黄色，下腹较淡，至尾下覆羽则呈皮黄色；翅下覆羽及腋羽为浅橙黄色。雌鸟上体橄榄褐色，头顶及颈较背部稍深暗；腰及尾上覆羽稍为黄栗色；初级覆羽、大覆羽及飞羽暗褐色，外翈边缘赭褐色；尾羽赭栗色，内翈稍深浓；眼先及眼周淡黄褐色；颏浅污黄色；喉、胸部橄榄褐色，较背部浅淡；颈侧有几片羽毛具钴蓝色羽端，形成颈斑；喉的下方有一白色新月形块斑；腹部及尾下覆羽灰白色；翅下覆羽赭皮黄色；腋羽淡橄榄褐色。

生活习性：主要栖息于海拔700～1500m的山地常绿阔叶林、落叶阔叶林和混交林中，也栖息于林缘疏林和灌丛中。常单独或成对活动，有沿着粗的树枝奔跑的习性。

食性：主要以昆虫为食。

繁殖：繁殖期5—7月。通常营巢于陡岸岩坡洞穴中或石隙间，也在天然树洞中营巢。每窝产卵通常4枚。卵淡黄色或皮黄色，被有粉红褐色或淡红色斑点。

国内分布：分布于华中、西南和华南地区，包括海南和台湾。

棕腹仙鹟 *Niltava sundara*

雀形目（PASSERIFORMES）>鹟科（Muscicapidae）>仙鹟属（*Niltava*）

本地分布： 力所乡 勐卡镇 勐梭镇 翁嘎科镇 新厂镇 岳宋乡 中课镇

遇见月份： 1 2 3 4 5 6 7 8 9 10 11 12

　　形态特征：体长14～16.8cm，体重17～24g。雄鸟上体蓝色；具黑色眼罩；顶冠、颈侧点斑、肩斑和腰部亮蓝色；颏、喉黑色，具深蓝色光泽；下体棕色，胸、腹等其余下体橙棕色或橙栗色；喉部黑色和胸部橙棕相接平直。雌鸟褐色，腰部和尾部棕红色，项纹白色，颈侧浅蓝色斑具金属光泽，眼先和眼圈皮黄色，颏、喉和上胸淡皮黄色或棕褐色，下胸、腹和两胁橄榄褐色，上胸中部有一白色块斑，下腹和尾下覆羽棕白色，腹中央近白色。

　　生活习性：主要栖息于海拔1200～2500m的阔叶林、竹林、针阔混交林和林缘灌丛中，尤其喜欢湿润而茂密的温带森林。冬季常见于低山和山麓地带，在山边和林缘灌丛与小树丛内活动，偶见于果园、耕地边和宅旁附近的小树林和灌丛中。

　　食性：主要以鞘翅目、鳞翅目、直翅目、膜翅目等昆虫为食，也吃少量植物果实和种子。

　　繁殖：繁殖期5—7月。通常营巢于陡岸岩坡洞穴中或石隙间，也在天然树洞中营巢。窝卵数通常4枚，孵卵主要由雌鸟承担，雄鸟偶尔参与孵卵活动。孵化期12～13d，雌雄亲鸟共同育雏。

　　国内分布：分布于西藏南部、陕西南部、甘肃东南部、云南、四川、湖北、湖南、广东、广西、台湾等地。

大仙鹟 *Niltava grandis*

雀形目（PASSERIFORMES）>鹟科（Muscicapidae）>仙鹟属（*Niltava*）

本地分布： 力所乡 勐卡镇 勐梭镇 翁嘎科镇 新厂镇 岳宋乡 中课镇

遇见月份： 1 2 3 4 5 6 7 8 9 10 11 12

　　形态特征：体长20.5～21.5cm，体重36～38g。雄鸟头顶至后枕、腰、尾上覆羽为蓝色；背暗紫蓝色；前额、眼先、颊、耳覆羽和头侧绒黑色；颏、喉和上胸黑色，到下胸上腹和两胁逐渐变为暗蓝紫色或蓝黑色；下腹和尾下覆羽蓝灰色，尾下覆羽羽缘白色；覆腿羽黑色。雌鸟前额锈褐色；头顶橄榄褐色或褐灰色，头顶后部到后颈逐渐变为蓝灰褐色；颊、眼先、耳覆羽和头侧褐色或茶黄褐色，具细的白色羽轴纹；背、肩、腰和尾上覆羽赭褐色；颏、喉和上胸淡皮黄色，其余下体淡红橄榄褐色；腋羽和翅下覆羽皮黄色。

　　生活习性：主要栖息于常绿阔叶林、竹林和次生林中，冬季常见于低山和山麓林缘地带，夏季可上到海拔2000～2500m的常绿阔叶林和混交林。

　　食性：主要以鞘翅目、鳞翅目、直翅目、膜翅目等昆虫为食。

　　繁殖：繁殖期5—7月。通常营巢于岸边和岩坡的各种洞穴中，也在树洞中营巢。窝卵数通常3～5枚。卵乳白色或土黄色，有时被有细的粉褐色斑点。

　　国内分布：主要分布于西南部，如西藏南部、云南、甘肃、广西西部等地。

戴菊 *Regulus regulus*

雀形目（PASSERIFORMES）>戴菊科（Regulidae）>戴菊属（*Regulus*）

本地分布： 力所乡 勐卡镇 勐梭镇 翁嘎科镇 新厂镇 岳宋乡 中课镇

遇见月份： 1 2 3 4 5 6 7 8 9 10 11 12

　　形态特征：体长8～10.5cm，体重5～6g。雄鸟上体橄榄绿色；前额基部灰白色，额灰黑色或灰橄榄绿色；头顶中央有一前窄后宽略似锥状的橙色斑，其先端和两侧为柠檬黄色，头顶两侧紧接此黄色斑外又各有一条黑色侧冠纹；眼周和眼后上方灰白或乳白色；其余头侧、后颈和颈侧灰橄榄绿色；背、肩、腰等其余上体橄榄绿色，腰和尾上覆羽黄绿色；尾黑褐色；翅上形成明显的淡黄白色翅斑；下体污白色，羽端沾有少许黄色，体侧沾橄榄灰色或褐色。雌鸟大致和雄鸟相似，但羽色较暗淡，头顶中央斑不为橙红色而为柠檬黄色。

　　生活习性：主要栖息于海拔800m以上的针叶林和针阔混交林中，在西藏喜马拉雅山地区，有时可上到海拔4000m左右紧邻高山灌丛的亚高山针叶林。在迁徙季节和冬季，常见于低山和山麓林缘灌丛地带活动。

　　食性：主要以各种昆虫为食，尤以鞘翅目昆虫为主，也吃蜘蛛和其他小型无脊椎动物，冬季也吃少量植物种子。

　　繁殖：繁殖期5—7月。巢多筑在鱼鳞云杉、红皮云杉和臭冷杉等针叶树的侧枝上或细枝丛中，营巢活动由雌雄鸟共同承担。窝卵数为7～12枚。卵白玫瑰色、被有细的褐色斑点。雌雄轮流孵卵，孵化期14～16d。

　　国内分布：各地广布。

蓝翅叶鹎 *Chloropsis cochinchinensis*

雀形目（PASSERIFORMES）>叶鹎科（Chloropseidae）>叶鹎属（*Chloropsis*）

本地分布： 力所乡 勐卡镇 勐梭镇 翁嘎科镇 新厂镇 岳宋乡 中课镇

遇见月份： 1 2 3 4 5 6 7 8 9 10 11 12

形态特征：体长15～18.2cm，体重18～35g。雄鸟额浅黄色，头顶至枕绿色而枯黄或褐色，背、腰至尾上覆羽草绿色；尾羽蓝绿色；眼先、眼下至颏、喉黑色，下喙基部具一短的紫蓝色髭纹或髭纹不显，呈钻蓝色；耳羽绿色而缀有铜褐色；其余下体淡绿色或草绿色，胸部缀以黄色，翼缘蓝色，翼下覆羽灰褐沾绿色。雌鸟上体草绿色；额绿色；翅表面和上体同色；眼先蓝绿色，眼周绿色；颏、喉中央淡蓝绿色，其余和雄鸟相似。

生活习性：主要栖息在海拔1500m以下的常绿阔叶林、次生林和林缘疏林灌丛中。常见于比较干燥而稀疏的树林的乔木冠层和灌木上活动，偶见于次生灌丛、果园和农田地边小树丛。

食性：主要以昆虫为食，也吃部分植物果实、种子和花等植物性食物。

繁殖：繁殖期4—6月。营巢于树上，巢距地高5～9m。窝卵数通常2～3枚。卵乳白色或粉白色，被有不规则的发丝状的灰色、黑色、紫色或红褐色斑点。

国内分布：主要分布于云南南部、广西西南部。

西南橙腹叶鹎 *Chloropsis hardwickii*

雀形目（PASSERIFORMES）>叶鹎科（Chloropseidae）>叶鹎属（*Chloropsis*）

本地分布：力所乡 勐卡镇 勐梭镇 翁嘎科镇 新厂镇 岳宋乡 中课镇

遇见月份：1 2 3 4 5 6 7 8 9 10 11 12

形态特征：体长16～20.4cm，体重21～40g。雄鸟额、头顶至后颈黄绿色或蓝绿色，其余上体草绿色；两翼黑色；额基、眼先、颊、耳羽和耳羽下方均为蓝黑色且与额、喉和上胸黑色连为一体，眉区和眼后微沾黄色；尾羽暗褐色至黑色；额、喉和上胸微缀紫蓝色；髭纹钴蓝色，粗而短；其余下体橙色，两胁绿色。雌鸟和雄鸟大致相似，但上体全为草绿色；额和头顶不沾黄色；两翅表面、尾上覆羽和尾羽表面均为草绿色；髭纹淡钴蓝色；喉中部至上胸和腹部两侧均为浅绿色；橙色仅限于腹部中央和尾下覆羽；体较雄鸟明显为小，其他似雄鸟。

生活习性：主要栖息于海拔2300m以下的低山丘陵和山脚平原地带的森林中，多在乔木冠层间活动，常见于溪流附近和林间空地等开阔地区的高大乔木上，偶尔见于村寨、果园、地头和路边树上。

食性：主要以昆虫为食，也吃部分植物果实和种子。

繁殖：繁殖期5—7月。营巢于森林中树上。窝卵数为3枚。

国内分布：主要分布于西藏东南部、云南。

厚嘴啄花鸟 *Dicaeum agile*

雀形目（PASSERIFORMES）>啄花鸟科（Dicaeidae）>啄花鸟属（*Dicaeum*）

本地分布：力所乡 勐卡镇 勐梭镇 翁嘎科镇 新厂镇 岳宋乡 中课镇

遇见月份：1 2 3 4 5 6 7 8 9 10 11 12

　　形态特征：体长9～12.1cm，体重7.5～11g。雌雄羽色相似。整个上体灰橄榄褐色；腰和尾上覆羽沾绿；尾短圆，褐色，具白色尖端；两翅褐色；飞羽暗褐色，具橄榄绿色或绿褐色羽缘；眼先、颊、颏和喉白色；其余下体灰黄白色，具细的褐色纵纹。

　　生活习性：主要栖息于海拔1500m以下的平原、低山和山麓地带。常见于农田、旷野、芦苇的水稻田，以及路边、地头、河岸等开阔地带的乔木和灌木上，偶见于林缘、次生疏林、花园和茂密的森林。

　　食性：主要以浆果、果实和种子为食，也吃花、花粉、花蜜等其他植物性食物和少量昆虫、蜘蛛等动物性食物。

　　繁殖：繁殖期4—6月。营巢于树上，通常悬吊在一个小的水平枝杈上，营巢由雌雄鸟共同承担。巢距地高1.5～10m，较暴露。窝卵数为2～4枚，卵淡粉白色。

　　国内分布：主要分布于云南西南部、四川、贵州。

黄臀啄花鸟 *Dicaeum chrysorrheum*

雀形目（PASSERIFORMES）>啄花鸟科（Dicaeidae）>啄花鸟属（*Dicaeum*）

本地分布：力所乡 勐卡镇 勐梭镇 翁嘎科镇 新厂镇 岳宋乡 中课镇

遇见月份：1 2 3 4 5 6 7 8 9 10 11 12

　　形态特征：体长9～10cm，体重9～10.1g。雌雄羽色相似，上体橄榄绿色，尾下覆羽艳黄色或橘黄色，下体余部白色而密布特征性的黑色斑纹。

　　生活习性：主要栖息于海拔800m以下的丘陵地区。常见于林园及开阔林。

　　食性：主要以植物果实、种子和少量昆虫为食。

　　繁殖：繁殖期4—6月。营巢于树上，巢距地高2～10m，营巢由雌雄鸟共同承担。窝卵数平均3枚，卵白色。

　　国内分布：主要分布于云南西部、南部和广西西南部。

黄腹啄花鸟 *Dicaeum melanozanthum*

雀形目（PASSERIFORMES）>啄花鸟科（Dicaeidae）>啄花鸟属（*Dicaeum*）

本地分布：力所乡 勐卡镇 勐梭镇 翁嘎科镇 新厂镇 岳宋乡 中课镇

遇见月份：1 2 3 4 5 6 7 8 9 10 11 12

形态特征：体长10.4～11.7cm，体重11～16g。雄鸟头、头侧、颈、颈侧以及从头至尾上覆羽等整个上体和胸侧概为蓝灰黑色；翅上覆羽也为灰黑色；飞羽黑褐色；尾褐黑色；颏、喉和胸中央白色；腹、两胁和尾下覆羽鲜黄色。雌鸟从头到尾的整个上体橄榄褐色；尾羽褐黑色；头侧、颈侧和胸侧橄榄灰色；颏、喉和胸部中央灰白色；其余下体淡黄色；两胁沾橄榄色；腋羽和翼下覆羽白色。

生活习性：主要栖息于海拔1300～3000m的亚高山常绿阔叶林、次生林和针阔混交林中。常见于常绿林的林缘及灌丛与疏林荒坡中，偶见于庭院、果园和村寨附近的树林中。

食性：主要以昆虫和植物果实为食，喜食寄生植物的果实。

繁殖：繁殖期4—7月。营巢于树上，营巢由雌雄鸟共同承担。巢距地高1.5～10m，较暴露。窝卵数平均3枚，卵白色。

国内分布：主要分布于西南地区，如四川西南部、云南西南部、西藏东南部、广西西南部等地。

纯色啄花鸟 *Dicaeum minullum*

雀形目（PASSERIFORMES）>啄花鸟科（Dicaeidae）>啄花鸟属（*Dicaeum*）

本地分布： 力所乡 勐卡镇 勐梭镇 翁嘎科镇 新厂镇 岳宋乡 中课镇

遇见月份： 1 2 3 4 5 6 7 8 9 10 11 12

　　形态特征：体长6.4～8.9cm，体重5～8g。雌雄羽色相似。前额、头顶至枕暗橄榄绿色；眼先、额基和眉纹浅灰绿白色；背、肩、腰和尾上覆羽暗橄榄绿色，腰和尾上覆羽绿色稍浅淡；尾羽暗褐色，具有窄的橄榄绿色羽缘；飞羽黑褐色；头侧、颊、耳羽和颈侧淡橄榄绿色或灰橄榄色；颏、喉、胸和两胁呈黄绿灰色；腹中部和尾下覆羽浅黄色沾绿色；腋羽淡黄白色；翼下覆羽白色。

　　生活习性：主要栖息于海拔1500m以下的山麓平原和低山丘陵地带的常绿阔叶森林和次生林、山间公路两侧的灌丛和人行道树上，偶见于村寨附近的果园和花园中。

　　食性：以昆虫及植物果实、花、花蜜、种子为食。

　　繁殖：繁殖期3—8月。营巢于树上，营巢由雌雄鸟共同承担。巢距地高1.5～12m，通常悬吊在一个小的水平枝杈上。窝卵数2～3枚，卵白色。

　　国内分布：主要分布于西南部，如云南、贵州、四川等地。此外，东南部也有分布，如福建、广东、海南、台湾等地。

红胸啄花鸟 *Dicaeum ignipectus*

雀形目（PASSERIFORMES）>啄花鸟科（Dicaeidae）>啄花鸟属（*Dicaeum*）

本地分布：力所乡 勐卡镇 勐梭镇 翁嘎科镇 新厂镇 岳宋乡 中课镇

遇见月份：1 2 3 4 5 6 7 8 9 10 11 12

形态特征：体长6～9.2cm，体重5～10g。雄性成鸟上体呈金属绿蓝色，尾上覆羽稍沾蓝色；尾羽暗褐色，微渲染蓝辉；眼先、颊、耳羽、颈侧和胸侧黑色，微杂以橄榄黄或灰色；颏、喉棕黄色；胸具朱红色横斑；腹、尾下覆羽浓棕黄色，腹部中央纵贯以宽而曲折的黑纹；两胁橄榄绿色；腋羽白色，微沾黄色；翅下覆羽纯白色。雌性成鸟上体暗橄榄绿色，头顶羽基暗褐色，成斑驳状；下背和腰沾黄色；眼先灰白色，颊和耳羽呈沾灰的橄榄绿色，颊部缀以白色点斑；颏、喉棕黄色近白；下体余部浓棕黄色；胸侧和两胁橄榄绿色；腋羽白色，微沾淡黄色；翼下覆羽白色。

生活习性：主要栖息于海拔1500m以下的低山丘陵和山脚平原地带的阔叶林和次生阔叶林、山地森林。常见于开阔的村庄、田野、山丘、山谷等次生阔叶林或溪边树丛间，偶见于人工针叶林、茶园和果园。

食性：主要以双翅目、鳞翅目、鞘翅目等昆虫，以及蜘蛛和植物花蕊、花蜜等无脊椎动物和植物性食物为食。

繁殖：繁殖期4—7月。营巢于阔叶树上。巢距地高3～6m，通常悬吊于细小树枝末梢，四周有绿叶掩护。窝卵数2～3枚，卵白色。

国内分布：分布于南方大部分地区，如云南、湖北、福建等地。此外，北部部分地区也有分布，如河南、陕西南部等地。

紫颊太阳鸟 *Chalcoparia singalensis*

雀形目（PASSERIFORMES）>花蜜鸟科（Nectariniidae）>紫颊太阳鸟属（*Chalcoparia*）

本地分布： 力所乡 勐卡镇 勐梭镇 翁嘎科镇 新厂镇 岳宋乡 中课镇

遇见月份： 1 2 3 4 5 6 7 8 9 10 11 12

　　形态特征： 体长10～12.5cm，体重7～9g。雄鸟顶冠及上体闪辉深绿色，脸颊深铜红色，腹部黄色，喉及胸橙褐色。雌鸟上体绿橄榄色，下体似雄鸟但较淡。

　　生活习性： 常见于热带和海拔800m以下的平坝常绿阔叶林以及江畔寨边的丛林间。性活跃，能在花朵上方凌空不断地鼓翅吸取花中蜜汁，也捕食昆虫。

　　食性： 以昆虫、水果及花蜜和花粉为食。

　　繁殖： 繁殖期2—7月。巢呈椭圆形的囊袋状，悬吊于细的树枝末端，隐蔽于树叶下，不易发现，主要由细的植物纤维和蛛丝等材料构成。每窝产卵2～3枚。卵呈椭圆形，乳白色，被有粉红色、紫灰色或紫黑色斑点。

　　国内分布： 分布于西藏东南部和云南西部、南部。

蓝喉太阳鸟 *Aethopyga gouldiae*

雀形目（PASSERIFORMES）>花蜜鸟科（Neetariniidae）>太阳鸟属（*Aethopyga*）

本地分布： 力所乡　勐卡镇　勐梭镇　翁嘎科镇　新厂镇　岳宋乡　中课镇

遇见月份： 1　2　3　4　5　6　7　8　9　10　11　12

　　形态特征： 体长9.1～16cm，体重4～12g。雄鸟前额至头顶以及颏和喉均为辉紫蓝色；眼先、颊、头侧、后颈、颈侧、背、肩及翅上中覆羽和小覆羽概朱红色或暗红色；耳羽后侧和胸侧各有一辉紫蓝色斑；腰鲜黄色；尾上覆羽和中央尾羽基部2/3为紫蓝色并具金属光泽，中央尾羽延长，其延长部分为黑色缀有紫色，外侧尾羽黑褐色；两翅暗褐黑色，飞羽具窄的黄色或橄榄绿色羽缘；胸红色或黄色，或黄色杂有红色纵纹；腋羽和翅下覆羽白色或黄白色。雌鸟上体灰绿色或橄榄黄绿色，头顶较暗；腰黄色；颊、耳羽、颈侧、颏、喉和上胸灰橄榄绿色或灰绿色，颏、喉较灰微沾橄榄黄色；腹、两胁和尾下覆羽绿黄色或淡黄色；两翅和尾黑褐色，羽缘橄榄黄色，外侧尾羽具白色端斑。

　　生活习性： 主要栖息于海拔1000～3500m的常绿阔叶林、沟谷林季雨林和常绿落叶混交林中，也出入于稀树草坡、果园、农地、河边与公路边的树上，有时也见于竹林和灌丛。

　　食性： 主要以花蜜为食，也会吃昆虫。

　　繁殖： 繁殖期4—6月。营巢于海拔1000～3000m的常绿阔叶林中。巢呈椭圆形或梨形，主要由植物绒、苔藓、草、植物纤维、蜘蛛网等构成，多固定于灌木细枝上。每窝产卵2～3枚。卵白色，多被有淡红褐色斑点。

　　国内分布： 分布于西藏东南部、河南、陕西南部、甘肃东南部、云南、四川、重庆、贵州、湖北西部、湖南西部、广东、香港、广西。

绿喉太阳鸟 *Aethopyga nipalensis*

雀形目（PASSERLFORMES）>花蜜鸟科（Nectariniidae）>太阳鸟属（*Aethopyga*）

本地分布： 力所乡 勐卡镇 勐梭镇 翁嘎科镇 新厂镇 岳宋乡 中课镇

遇见月份： 1 2 3 4 5 6 7 8 9 10 11 12

形态特征： 体长12～17cm，体重10～14g。雄鸟前额、头顶至上背和喉暗绿色，具金属光泽；眼先、头侧和颏黑色；上背暗红色；下背和两翅表面橄榄黄色；腰鲜黄色；尾上覆羽和中央尾羽大部辉蓝绿色，先端黑色，其余尾羽黑色，外侧4对尾羽先端微浅淡灰；胸和上腹部鲜黄色并渲染红色细纹；下腹部黄绿色；尾下覆羽橄榄黄色；翅下覆羽纯白色。雌鸟上体橄榄绿色；腰和尾上覆羽染黄色；头部可见暗褐色羽基呈鳞斑状；中央尾羽浅褐色，渲染以橄榄黄色；外侧尾羽黑色，先端淡褐色，外侧4对尾羽内翈具白色端斑；两翅暗褐色，外缘以橄榄黄色；翅上覆羽与背略同；头侧灰褐色，或多或少沾有绿色；喉部淡灰绿色；下体转深而渲染黄色；尾下覆羽鲜黄色；翅下覆羽纯白色，微沾浅柠檬黄色。

生活习性： 主要栖息于海拔500～2600m的阔叶林、混交林、沟谷阔叶林以至山间竹林或耕地附近的树丛间。多数成对或单个活动于盛开花朵的树上觅食。

食性： 主要以鞘翅目等昆虫成虫和幼虫为食，还嗜吃花蜜。

繁殖： 繁殖期4—6月。营巢于常绿阔叶林中。每窝产卵2～3枚。雏鸟晚成性，雌鸟可单独育雏，育雏期13～15d。

国内分布： 分布于西藏南部、云南、四川西部等地。

黑胸太阳鸟 *Aethopyga saturata*

雀形目（PASSERIFORMES）>花蜜鸟科（Nectariniidae）>太阳鸟属（*Aethopyga*）

本地分布： 力所乡 勐卡镇 勐梭镇 翁嘎科镇 新厂镇 岳宋乡 中课镇

遇见月份： 1 2 3 4 5 6 7 8 9 10 11 12

　　形态特征：体长8.8～14.9cm，体重4～9g。雄鸟前额、头顶、枕、一直到后颈辉紫蓝色或暗蓝色，具紫色金属光泽；眼先、眼周、耳羽、头侧乌黑色；背、肩暗红色或褐红色，下背和翅上覆羽污黑色；腰黄色或具一窄的黄色横带，有时不甚明显；尾上覆羽和中央尾羽基部辉紫蓝色；尾呈楔状，中央一对尾羽特形延长，延长部分和外侧尾羽近黑色；颏、喉、胸绒黑色；其余下体灰绿色或污绿色；腋羽和翅下覆羽黄白色或白色。雌鸟上体暗橄榄绿色；腰鲜黄色；两翅和尾暗褐色，羽缘橄榄绿色，外侧尾羽内翈先端白色；颏、喉灰色而沾橄榄绿色；其余下体灰绿色；胸和腹中央沾黄色；两胁近白色；尾下覆羽淡黄色；腋羽和翅下覆羽黄白色。

　　生活习性：主要栖息于海拔1000m以下的低山丘陵和山脚平原地带的常绿阔叶林和次生林中；在云南西部和西南部山区，夏季可上到海拔1500～2100m的低中山地区。出没于混交林、灌丛、果园、茶园、林缘疏林和沟谷林等不同生境类型中，有时还出现在田边、地头和村寨附近的树上。

　　食性：主要以蜘蛛、甲虫、蚂蚁、花蕊、花瓣、种子和嫩叶等食物为食。

　　繁殖：繁殖期5—7月。营巢于森林中树上、灌丛和竹丛上。每窝产卵2～3枚。卵有淡粉红色、纯白色，被有深褐色斑点。

　　国内分布：分布于西藏东南部，云南西部、西北部，贵州中部、南部和广西西南部。

黄腰太阳鸟 *Aethopyga siparaja*

雀形目（PASSERIFORMES）>花蜜鸟科（Nectariniidae）>太阳鸟属（*Aethopyga*）

本地分布： 力所乡 勐卡镇 勐梭镇 翁嘎科镇 新厂镇 岳宋乡 中课镇

遇见月份： 1 2 3 4 5 6 7 8 9 10 11 12

形态特征：体长9.6～15.7cm，体重5～10g。雄鸟前额和头顶前部金属绿色，头顶后部至枕橄榄褐色或橄榄灰褐色，有时羽端沾红；颊、耳羽、头侧、颈侧、背、肩、翼上小覆羽和中覆羽深朱红色或暗红色；腰亮黄色；尾上覆羽和中央尾羽金属绿色，中央尾羽较长，外侧尾羽黑色沾紫色，羽缘金属绿色；大覆羽和飞羽暗褐色，羽缘橄榄黄色；髭纹金属紫色或翠绿色，具紫色金属光泽，长而明显；颏、喉、胸鲜红色；其余下体橄榄绿色或灰黄色沾绿色。雌鸟额至枕灰褐色或缀以橄榄绿色；上体橄榄绿色；腰和尾上覆羽沾黄色，呈橄榄绿黄色；尾暗褐色，中央尾羽不延长，尾羽外缘橄榄黄色，最外侧2～3对尾羽先端白色；两翅褐色或暗褐色，羽缘橄榄黄色；下体黄绿色或灰色沾橄榄黄色；腹中央和尾下覆羽有时较多黄色；腋羽和翼下覆羽白色。

食性：食物主要是花蜜、甲壳虫、寄生蜂、双翅目昆虫、蚂蚁、小蜘蛛等。

繁殖：繁殖期4—7月。营巢于常绿阔叶林中树上或灌木上。巢呈梨形，悬吊于细的侧枝末梢，尤其是伸到河流等水源上空的细枝末梢。由细的须根、苔藓、草茎、木棉绒以及毛虫排泄物等材料构成。每窝产卵2～3枚。卵乳白色、白色或灰色，被有紫褐色斑点，尤以钝端较密，常在钝端形成一圈或成帽状，也有少数被有淡红褐色斑点。

国内分布：分布于云南西部、南部，广西西南部和广东南部。

火尾太阳鸟 *Aethopyga ignicauda*

雀形目（PASSERIFORMES）>花蜜鸟科（Nectariniidae）>太阳鸟属（*Aethopyga*）

本地分布： 力所乡　勐卡镇　勐梭镇　翁嘎科镇　新厂镇　岳宋乡　中课镇

遇见月份： 1　2　3　4　5　6　7　8　9　10　11　12

形态特征： 体长9.6～20.3cm，体重6～10g。雄鸟前额、头顶辉蓝色，并由两侧向下延伸至整个颏、喉；耳以后头顶两侧、枕、后颈、颈侧、背、肩和尾上覆羽概为火红色；中央一对尾羽概为火红色，外侧尾羽外翈火红色，内翈褐色；腰亮红色；两翅褐色，飞羽羽缘橄榄黄色；眼先、颊、耳羽黑色；胸鲜黄色，胸中部缀有橘红色；腹和尾下覆羽淡黄沾绿色。雌鸟上体灰绿色或橄榄黄绿色，背部较鲜亮；腰和尾上覆羽缀有黄色；两翅与雄鸟同色；中央尾羽棕褐色，其上隐现暗色横斑，外侧尾羽内翈黑褐色，外翈羽缘棕褐色，羽端淡色；颏、喉、胸灰绿色；其余下体黄绿色。

生活习性： 火尾太阳鸟是一种高山鸟类，夏季主要栖息于海拔1900m以上的中、高山常绿阔叶林、常绿落叶阔叶混交林和杜鹃灌丛中，冬季多下到海拔1500m的低山和山脚平原地带，有时甚至进到果园、农地和村寨附近的小林内。

食性： 主要是吮吸花蜜，啄食花蕊、花叶，也捕食螳螂、蜘蛛等。

繁殖： 繁殖期4—6月。营巢在常绿阔叶林和次生林中。每窝产卵2～3枚。卵白色而被有粉褐色斑点，也有呈乳粉色或灰粉色而被有紫红色斑点的。

国内分布： 分布于西藏南部及云南西部、南部。

长嘴捕蛛鸟 *Arachnothera longirostra*

雀形目（PASSERIFORMES）>花蜜鸟科（Nectariniidae）>捕蛛鸟属（*Arachnothera*）

本地分布： 力所乡 勐卡镇 勐梭镇 翁嘎科镇 新厂镇 岳宋乡 中课镇

遇见月份： 1 2 3 4 5 6 7 8 9 10 11 12

形态特征： 体长13.6～16.5cm，体重11～15g。雌雄羽色相似。整个上体包括翅上小覆羽橄榄绿色，额和头顶羽毛中央较暗褐；眼先和一条短的眉纹灰白色，自喙基沿喉侧有一条黑纵纹；头侧灰褐色而缀绿色；两翅中覆羽、大覆羽、初级覆羽和飞羽暗褐色，羽缘橄榄绿色；尾短圆，暗褐色，外翈羽缘也为橄榄绿色，外侧尾羽外翈灰褐色；颏、喉灰白色有时微沾黄色；其余下体鲜黄色；胸簇羽橘黄色（雌鸟无鲜艳胸簇羽）；腋羽和翅下覆羽白色或黄白色。

生活习性： 主要栖息于海拔1200m以下的低山丘陵和山脚平原地带的常绿阔叶林和热带雨林中，尤其喜欢在林缘和疏林等较为开阔的地方活动和觅食，有时也见于地边和村寨附近的树上。

食性： 主要以蜘蛛和昆虫等动物性食物为食。

繁殖： 繁殖期4—6月。多营巢于海拔400～1000m的茂密常绿阔叶林中。巢由叶脉构成，固定于大的叶片下面。每窝产卵2枚。卵白色微沾粉红色，被有红褐色斑点，在钝端较密，常围着钝端形成一个环带，有的卵为白色而被有紫黑色斑点。

国内分布： 分布于云南南部和广西西南部。

纹背捕蛛鸟 *Arachnothera magna*

雀形目（PASSERIFORMES）>花蜜鸟科（Nectariniidae）>捕蛛鸟属（*Arachnothera*）

本地分布： 力所乡 勐卡镇 勐梭镇 翁嘎科镇 新厂镇 岳宋乡 中课镇

遇见月份： 1 2 3 4 5 6 7 8 9 10 11 12

形态特征：体长16～21cm，体重25～45g。雌雄羽色相似。整个上体包括两翅覆羽橄榄黄色，头侧同背但较淡；头顶至枕和中覆羽及小覆羽各羽中央黑色，形成黑色中央斑纹；背、腰具粗著的黑色中央纹；飞羽和尾羽亦为橄榄黄色；尾具宽阔的黑色亚端斑和淡黄色端斑；下体淡黄色或淡黄白色，亦具粗著的黑色中央纹。

生活习性：主要栖息于海拔1500m以下的常绿阔叶林和热带雨林中。尤其喜欢在林缘和疏林等较为开阔的地方活动和觅食，有时也见于地边和村寨附近的树上。

食性：主要以昆虫、蜘蛛、花蜜、花蕊、果实和种子等为食。

繁殖：繁殖期4—6月。多营巢在低山和山脚地带的常绿阔叶林中。每窝产卵2～3枚。孵卵由雌雄亲鸟共同承担。雏鸟晚成性，雌雄亲鸟共同育雏。

国内分布：分布于西藏东南部，云南西部、南部，贵州西南部及广西西部。

白腰文鸟 *Lonchura striata*

雀形目（PASSERIFORMES）>梅花雀科（Estrildidae）>文鸟属（*Lonchura*）

本地分布： 力所乡 勐卡镇 勐梭镇 翁嘎科镇 新厂镇 岳宋乡 中课镇

遇见月份： 1 2 3 4 5 6 7 8 9 10 11 12

　　形态特征： 体长9.9～12.8cm，体重9～15g。雌雄羽色相似。额、头顶前部、眼先、眼周、颊和喙基均为黑褐色；头顶后部至背和两肩暗沙褐色或灰褐色，具白色或皮黄白色羽干纹；腰白色；尾上覆羽栗褐色，具棕白色羽干纹和红褐色羽端；两翅黑褐色，翅上覆羽和三级飞羽外表羽色同背，但较背深，亦具棕白色羽干纹；耳覆羽和颈侧淡褐色或红褐色，具细的白色条纹或斑点；颏、喉黑褐色，上胸栗色，各羽具浅黄色羽干纹和淡棕色羽缘；下胸、腹和两胁白色或灰白色，各羽具不明显的淡褐"U"形斑或鳞状斑；肛周、尾下覆羽和覆腿羽栗褐色，具棕白色细纹或斑点。

　　生活习性： 栖息于海拔1500m以下的低山丘陵和山脚平原地带，尤以溪流、苇塘、农田和村落附近较常见，很少到中高山地区和茂密的森林中活动。

　　食性： 以植物种子为主食，特别喜欢稻谷。在夏季也吃一些昆虫和未熟的谷穗、草穗。

　　繁殖： 繁殖期2—10月。营巢于田地边和村庄附近的树上或灌丛与竹丛中。每窝产卵3～7枚。由雌雄亲鸟轮流承担，孵卵期14d左右。雏鸟晚成性，雌雄亲鸟轮流哺育，19d左右幼鸟即可离巢出飞。

　　国内分布： 分布于黄河以南的大部分地区。

斑文鸟 *Lonchura punctulata*

雀形目（PASSERIFORMES）>梅花雀科（Estrildidae）>文鸟属（*Lonchura*）

本地分布：力所乡 勐卡镇 勐梭镇 翁嘎科镇 新厂镇 岳宋乡 中课镇

遇见月份：1 2 3 4 5 6 7 8 9 10 11 12

形态特征：体长10.3～12.3cm，体重11.5～17g。雌雄羽色相似。额、眼先栗褐色，羽端稍淡；上喙褐色，下喙黄色；头顶、后颈、背、肩淡棕褐色或淡栗黄色，每片羽毛均有淡色羽干纹和不甚明显的暗栗褐色和淡褐色横斑；下背、腰和短的尾上覆羽灰褐色，羽端近白色，具细的淡栗色横斑和白色羽干纹；长的尾上覆羽和中央尾羽橄榄黄色，其余尾羽暗黄褐色；脸、颊、头侧、颏、喉深栗色；颈侧栗黄色，羽尖白色；上胸、胸侧淡棕白色，各羽均具2道红褐色或浅栗色弧状横斑；下胸、上腹和两胁白色或近白色；脚淡褐色。幼鸟上体淡褐色或淡黄褐色；下体皮黄褐色或土褐色，无鳞状斑。

生活习性：主要栖息于海拔1500m以下的低山丘陵、山脚和平原地带的农田、村落、林缘疏林及河谷地区。在云南西部地区，也见于海拔2500m左右的田边灌丛和附近的混交林带。

食性：主要以谷粒等农作物为食，也吃草籽和其他野生植物果实与种子。繁殖期间也吃部分昆虫。

繁殖：繁殖期2—11月。营巢于靠近主干的茂密侧枝枝杈处，也有在蕨类植物上营巢的。营巢由雌雄鸟共同承担，巢距地高多在2～4m。巢筑好后即开始产卵，每窝产卵4～8枚。雏鸟晚成性，雌鸟独自育雏，幼鸟留巢期20～22d。

国内分布：分布于西藏东南部、云南和四川西南部。

山麻雀 *Passer cinnamomeus*

雀形目（PASSERIFORMES）>雀科（Passeridae）>麻雀属（*Passer*）

本地分布： 力所乡 勐卡镇 勐梭镇 翁嘎科镇 新厂镇 岳宋乡 中课镇

遇见月份： 1 2 3 4 5 6 7 8 9 10 11 12

形态特征：体长11.3～14cm，体重15～29g。雄鸟上体从额、头顶、后颈一直到背和腰概为栗红色，上背内翈具黑色条纹，背、腰外翈具窄的土黄色羽缘和羽端；尾上覆羽黄褐色；尾暗褐色或褐色亦具土黄色羽缘，中央尾羽边缘稍红；颏和喉部中央黑色；喉侧、颈侧和下体灰白色，有时微沾黄色；覆腿羽栗色；腋羽灰白色沾黄。雌鸟上体橄榄褐色或沙褐色，上背满杂以棕褐色与黑色斑纹；腰栗红色；眼先和贯眼纹褐色，一直向后延伸至颈侧；眉纹皮黄白色或土黄色，长而宽阔；颊、头侧、颏、喉皮黄色或皮黄白色；下体淡灰棕色；腹部中央白色；两翅和尾颜色同雄鸟。

生活习性：栖息于低山丘陵和山脚平原地带的各类森林和灌丛中。多活动于林缘疏林、灌丛和草丛中，不喜欢茂密的大森林，有时也到村镇和居民点附近的农田、河谷、果园、岩石草坡、房前屋后和路边树上活动和觅食。

食性：主要以野生植物果实、种子以及昆虫为食。

繁殖：繁殖期4—8月。营巢于山坡岩壁天然洞穴中，也筑巢在堤坝、桥梁洞穴或房檐下和墙壁洞穴中。雌雄亲鸟共同参与营巢活动。每窝产卵4～6枚，1年繁殖2～3窝。

国内分布：分布于西藏南部、东南部，云南，四川，重庆，贵州和广西西北部。

麻雀 *Passer montanus*

雀形目（PASSERIFORMES）>雀科（Passeridae）>麻雀属（*Passer*）

本地分布：力所乡 勐卡镇 勐梭镇 翁嘎科镇 新厂镇 岳宋乡 中课镇

遇见月份：1 2 3 4 5 6 7 8 9 10 11 12

形态特征：体长11～15cm，体重15～29g。小型鸣禽，体形较为矮圆；喙圆锥形，黑色；额、头顶至后颈栗褐色，头侧和颈侧白色；颏及喉黑色；颈背具完整灰白色领环；上体棕褐色，背、肩具黑色粗纵纹；羽毛黑褐色；下体皮黄灰色；尾黑褐色，具褐色羽缘；脚粉褐色。幼鸟喙为黄色，喉部为灰色。成年雄鸟肩羽为褐红色，成年雌鸟肩羽为橄榄褐色。

生活习性：栖息地海拔高度为300～2500m。无论山地、平原、丘陵、草原、沼泽和农田，还是低山丘陵和山脚平原地带的各类森林和灌丛中都可见，多活动于林缘疏林、灌丛和草丛中，不喜欢茂密的大森林，多在有人类集居的地方，如城镇和乡村，河谷、果园、岩石草坡、房前屋后和路边树上活动和觅食。

食性：主要以禾本科植物种子以及昆虫为食。

繁殖：除冬季外，几乎总处在繁殖期。常营巢于屋檐下和墙洞中，有时巢会位于岩石中、灌木丛的根部或是建筑物如谷仓的屋檐下。每窝产卵4～6枚，孵化期11～12d，育雏期15d左右。每年至少可繁殖2窝。

国内分布：广泛分布于各地。

黄鹡鸰 *Motacilla tschutschensis*

雀形目（PASSERIFORMES）>鹡鸰科（Motacillidae）>鹡鸰属（*Motacilla*）

本地分布：力所乡 勐卡镇 勐梭镇 翁嘎科镇 新厂镇 岳宋乡 中课镇

遇见月份：1 2 3 4 5 6 7 8 9 10 11 12

形态特征：体长15～19cm，体重16～22g。头顶和后颈多为灰色、蓝灰色、暗灰色或绿色，额稍淡；眉纹白色、黄色或无眉纹；有的腰部较黄；尾较长，主要为黑色，外侧两对尾羽主要为白色；下体鲜黄色，胸侧和两胁有的沾橄榄绿色；有的颏为白色；两翅黑褐色，中覆羽和大覆羽具黄白色端斑，在翅上形成两道翅斑，翅上覆羽具淡色羽缘。

生活习性：栖息于低山丘陵、平原以及海拔4000m以上的高原和山地。常在林缘、林中溪流、平原河谷、村野、湖畔和居民点附近活动。

食性：主要以昆虫为食，多在地上捕食，有时也在空中飞行捕食。食物种类主要有蚁、蚋、浮尘子以及鞘翅目和鳞翅目昆虫等。

繁殖：繁殖期5—7月。通常营巢于河边岩坡草丛和潮湿的塔头甸子中的塔头墩边上，主要由枯草茎叶构成，内垫有羊毛、牛毛和鸟类羽毛。营巢由雌雄亲鸟共同承担，巢筑好后即开始产卵。每窝产卵5～6枚，多为5枚。卵灰白色，被有褐色斑点和斑纹。孵卵主要由雌鸟承担，孵化期14d。雏鸟晚成性，雏鸟留巢期13～15d。

国内分布：分布于除新疆中部、西部和西藏西部外的各地。

灰鹡鸰 *Motacilla cinerea*

雀形目（PASSERIFORMES）>鹡鸰科（Motacillidae）>鹡鸰属（*Motacilla*）

本地分布： 力所乡 勐卡镇 勐梭镇 翁嘎科镇 新厂镇 岳宋乡 中课镇

遇见月份： 1 2 3 4 5 6 7 8 9 10 11 12

形态特征：体长17～19cm，体重14～22g。雄鸟前额、头顶、枕和后颈灰色或深灰色；肩、背、腰灰色沾暗绿褐色或暗灰褐色；尾上覆羽鲜黄色，部分沾有褐色；中央尾羽黑色或黑褐色，具黄绿色羽缘，外侧3对尾羽除第一对全为白色外，第二、第三对尾羽外翈黑色或大部分黑色，内翈白色；两翅覆羽和飞羽黑褐色，初级飞羽除第一至三对外，其余初级飞羽内翈具白色羽缘，次级飞羽基部白色，形成一道明显的白色翼斑，三级飞羽外翈具宽阔的白色或黄白色羽缘；眉纹和颧纹白色；眼先、耳羽灰黑色；额、喉夏季为黑色，冬季为白色；其余下体鲜黄色。雌鸟和雄鸟相似，但雌鸟上体较绿灰色，额、喉白色。

生活习性：主要栖息于溪流、河谷、湖泊、水塘、沼泽等水域岸边或水域附近的草地、农田、住宅和林区居民点，尤其喜欢在山区河流岸边和道路上活动，也出现在林中溪流和城市公园中。

食性：主要以昆虫为食，也吃蜘蛛等其他小型无脊椎动物。多在水边行走或跑步捕食，有时也在空中捕食。

繁殖：繁殖期5—7月。营巢位置多样，在河边土坑、水坝、石头缝隙、石崖台阶、河岸倒木树洞、房屋墙壁缝隙等各类生境中均有营巢。每窝产卵4～6枚，雌雄亲鸟共同育雏。

国内分布：除西藏西部外，广布于各地。

白鹡鸰 *Motacilla alba*

雀形目（PASSERIFORMES）>鹡鸰科（Motacillidae）>鹡鸰属（*Motacilla*）

本地分布：力所乡 勐卡镇 勐梭镇 翁嘎科镇 新厂镇 岳宋乡 中课镇

遇见月份：1 2 3 4 5 6 7 8 9 10 11 12

形态特征：体长 15.6～19.5cm，体重 15～30g。额、头顶前部和脸白色，头顶后部、枕和后颈黑色；背、肩黑色或灰色；飞羽黑色；翅上小覆羽灰色或黑色，中覆羽、大覆羽白色或尖端白色，在翅上形成明显的白色翅斑；尾长而窄，尾羽黑色，最外两对尾羽主要为白色；颏、喉白色或黑色；胸黑色；其余下体白色。

生活习性：主要栖息于河流、湖泊、水库、水塘等水域岸边，也栖息于农田、湿草原、沼泽等湿地，有时还栖息于水域附近的居民点和公园。

食性：主要以昆虫为食，也吃蜘蛛等其他无脊椎动物，偶尔也吃植物种子、浆果等植物性食物。

繁殖：繁殖期4—7月。通常营巢于水域附近岩洞、岩壁缝隙、河边土坎、田边石隙以及河岸、灌丛与草丛中，也在房屋屋脊、房顶和墙壁缝隙中营巢，甚至有在枯木树洞和人工巢箱中营巢的。营巢由雌雄亲鸟共同承担。每窝产卵通常5～6枚。卵为灰白色、被淡褐色斑。孵卵由雌雄亲鸟轮流进行，但以雌鸟为主，孵化期12d。雏鸟晚成性，孵出后由雌雄亲鸟共同育雏，14d左右雏鸟即可离巢。

国内分布：广泛分布于各地。

树鹨 *Anthus hodgsoni*

雀形目（PASSERIFORMES）>鹡鸰科（Motacillidae）>鹨属（*Anthus*）

本地分布：力所乡 勐卡镇 勐梭镇 翁嘎科镇 新厂镇 岳宋乡 中课镇

遇见月份：1 2 3 4 5 6 7 8 9 10 11 12

形态特征：体长14～17cm，体重15～26g。上体橄榄绿色或绿褐色；头顶具细密的黑褐色纵纹，往后到背部纵纹逐渐不明显；眼先黄白色或棕色；眉纹自喙基起棕黄色，后转为白色或棕白色；具黑褐色贯眼纹；下背、腰至尾上覆羽几纯橄榄绿色、无纵纹或纵纹极不明显；颏、喉白色或棕白色，喉侧有黑褐色颧纹；胸皮黄白色或棕白色；其余下体白色；胸和两胁具粗著的黑色纵纹；喙较细长，先端具缺刻，上喙黑色，下喙肉黄色；翅尖长，内侧飞羽（三级飞羽）极长，几与翅尖平齐；尾细长，外侧尾羽具白；跗跖和趾肉色或肉褐色，腿细长。

生活习性：常活动在林缘、路边、河谷、林间空地、高山苔原、草地等各类生境，有时也出现在居民点。

食性：主要以昆虫为食，也吃蜘蛛、蜗牛等小型无脊椎动物，还吃苔藓、谷粒、杂草种子等植物性食物。

繁殖：繁殖期6—7月。通常营巢于林缘、林间路边或林中空地等开阔地区地上草丛或灌木旁凹坑内，也在林中溪流岸边石隙下浅坑内营巢。每窝产卵4～6枚。孵卵主要由雌鸟承担，孵化期13～14d。

国内分布：分布于山东，山西，陕西南部，宁夏，甘肃，西藏东部、南部，青海，云南，四川，贵州，湖南，江西，上海，浙江，广东北部，台湾。

普通朱雀 *Carpodacus erythrinus*

雀形目（PASSERIFORMES）>燕雀科（Fringillidae）>朱雀属（*Carpodacus*）

本地分布：力所乡 勐卡镇 勐梭镇 翁嘎科镇 新厂镇 岳宋乡 中课镇

遇见月份：1 2 3 4 5 6 7 8 9 10 11 12

　　形态特征：体长12.6～16.2cm，体重18～31g。雄鸟上体红色，下体淡红色；头部、喉部、胸部及腰部亮红色；背部褐色染红色；两翼及尾黑褐色，羽缘染红色。雌鸟上体橄榄褐色，下体近白色，喉及胸部具深褐色纵纹。

　　生活习性：主要栖息于海拔1000m以上的针叶林和针阔混交林及其林缘地带，在西南、西北地区及西藏栖息海拔较高，夏季上到海拔3000～4100m的山地森林和林缘灌丛地带，冬季多下降到海拔2000m以下的中低山和山脚平原地带的阔叶林和次生林中，尤以林缘、溪边和农田地边的小块树丛和灌丛中较常见，有时也到村寨附近的果园、竹林和房前屋后的树上。

　　食性：主要以果实、种子、花序、芽苞、嫩叶等植物性食物为食，繁殖期间也吃部分昆虫。

　　繁殖：繁殖期5—7月。营巢于蔷薇等有刺灌木丛中和小树枝杈上。巢距地高0.5～1m，较隐蔽。巢呈杯状，结构较松散，用枯草茎、草叶和须根等材料构成，内垫有细的须根和少量兽毛。营巢由雌鸟单独承担，雄鸟在巢附近鸣唱和警戒。每窝产卵3～6枚，多为4～5枚。孵卵完全由雌鸟承担，雄鸟在雌鸟孵卵期间寻食喂养雌鸟，孵化期13～14d。雏鸟晚成性，雌雄亲鸟共同育雏，经过15～17d的喂养，幼鸟则可离巢。

　　国内分布：广泛分布于各地。

血雀 *Carpodacus sipahi*

雀形目（PASSERIFORMES）>燕雀科（Fringillidae）>朱雀属（*Carpodacus*）

本地分布：力所乡 勐卡镇 勐梭镇 翁嘎科镇 新厂镇 岳宋乡 中课镇

遇见月份：1 2 3 4 5 6 7 8 9 10 11 12

形态特征：体长 15.5～18.2cm，体重 36～49g。雄性成鸟眼先、喙基线和眼周紫红色；头和颈羽基部白色，其他部分羽基灰色；翼下覆羽和腋羽深灰色；尾及翅黑褐色，具红色羽缘；尾下覆羽暗，具宽的红色尖端；腋羽和翼下覆羽灰白色，具红色先端，其余体羽大多鲜深红色。雌性成鸟眼先、眼肉淡橄榄黄色；耳羽暗褐色，沾橄榄黄色，并具白色轴纹；颊橄榄黄色；喉灰白色，沾橄榄黄色，羽中央具斑点。

生活习性：血雀属于山区森林鸟类，一般生活于海拔2000m左右，喜针叶林或亚热带山地林。通常栖于林间空隙或林缘地带，喜栖于松杉林、林缘的小乔木和山坡稀树灌丛中。在云南高黎贡山可达海拔3000m以上，在西藏聂拉木可达海拔4000m，有垂直迁徙现象。冬季常游荡到低海拔地区，但不到平原。喜栖于松杉林、郁林林缘的小乔木上和山坡稀树灌丛中。

食性：食物包括球果、浆果、种子和各种昆虫。

繁殖：繁殖期4—6月。巢筑于松林外缘的松枝上。巢大而厚呈杯状，外壁由细枝和粗枝编成，内层为树枝和植物纤维，巢内垫以兽毛。卵底色浅蓝，上有鲜褐色和紫褐色点斑和线条。窝卵数4～6枚，雌鸟交配后一般会在5～7d内产第1枚卵，之后每隔1d产1枚，直到卵的数量达到4～6枚。孵化期13～14d。

国内分布：分布于西藏南部和云南西部。

黑头金翅雀 *Chloris ambigua*

雀形目（PASSERIFORMES）>燕雀科（Fringillidae）>金翅雀属（*Chloris*）

本地分布：力所乡　勐卡镇　勐梭镇　翁嘎科镇　新厂镇　岳宋乡　中课镇

遇见月份：1　2　3　4　5　6　7　8　9　10　11　12

形态特征：体长 11.5～14.1cm，体重 15～21g。雄鸟额、头顶、枕、眼先、头侧、后颈、颈侧概为黑色；背、肩暗褐色而缀有橄榄绿色；腰和尾上覆羽橄榄绿色，腰沾黄色；长的尾上覆羽沾灰；翅上小覆羽橄榄绿色，中覆羽暗橄榄绿色，羽缘橄榄黄色，大覆羽和内侧三级飞羽黑色具宽阔的淡灰色羽缘；飞羽黑褐色或黑色，初级飞羽外翈基部鲜黄色，形成一道显著的金黄色翅斑，羽端黄白色，次级飞羽外翈羽缘和尖端污白色。雌鸟和雄鸟相似，但头顶和头侧较背褐，多为暗褐色或黑褐色，微具暗色纵纹和淡色羽缘，背微杂橄榄绿色，其余各部亦较雄鸟淡。幼鸟和雄鸟相似，但上下体均具黑褐色纵纹。

生活习性：主要栖息于海拔1800m以上的高山和亚高山针叶林和林缘地带，也见于开阔的针阔混交林和常绿阔叶林以及山边疏林草坡、高山草甸、河滩和农田地中，有时也进村寨和居民点附近。

食性：主要以草籽、野生植物果实和种子为食，也吃农作物，如荞麦、黄豆、麦子、蔬菜等，繁殖季节也吃部分昆虫。

繁殖：繁殖期5—7月。营巢于松树枝杈上，巢主要用松针、细草茎和苔藓等材料构成，内垫少许兽毛和羽毛。每窝产卵多为4枚。卵淡蓝绿色，钝端被有少许黑色斑点和发丝状样的条纹。

国内分布：分布于青海东北部，云南，四川西部，贵州和广西。

小鹀 *Emberiza pusilla*

雀形目（PASSERIFORMES）>鹀科（Emberizidae）>鹀属（*Emberiza*）

本地分布：力所乡 勐卡镇 勐梭镇 翁嘎科镇 新厂镇 岳宋乡 中课镇

遇见月份：1 2 3 4 5 6 7 8 9 10 11 12

形态特征：体长11.5～15cm，体重11～17g。雄性成鸟（春羽）：头顶、头侧、眼先和颏侧均赤栗色，头顶两侧各具一黑色宽带；眉纹红褐色；耳羽暗栗色，后缘沾黑色；颈灰褐色而沾土黄色；肩、背褐色，有黑褐色羽干纹；腰和尾上覆羽灰褐色；小覆羽土黄褐色；中覆羽和大覆羽黑褐色，前者羽尖土黄色，后者沾赤褐色，羽端土黄色；小翼羽和初级覆羽暗褐色，而羽缘浅灰色。雌性成鸟（春羽）：羽色较雄鸟浅淡；头顶中央红褐色，多杂以狭小黑色纵纹和赭土色羽尖；头顶两侧呈黑褐色；其余各部与雄鸟春羽同。雌性成鸟（秋羽）：大致与春羽色同，仅头顶两侧黑色带转呈红褐色。

生活习性：繁殖期间主要栖息于泰加林北部开阔的苔原和苔原森林地带，特别是有稀疏杨树、桦树、柳树和灌丛的林缘沼泽、草地和苔原地带。在迁徙季节和冬季，栖息于低山丘陵和山脚平原地带的灌丛、草地和小树丛中及农田、地边和旷野中的灌丛与树上。

繁殖：繁殖期6—7月。营巢于地上草丛或灌丛中，特别是在有低矮的杨树、桦树丛和玫瑰丛、柳树丛地区较多见。巢呈杯状，用枯草叶和枯草茎构成，内垫细的枯草茎叶和兽毛。每窝产卵4～6枚，偶尔多至7枚。卵白色或绿色，被有小的褐色或紫褐色斑点。孵卵由雌雄亲鸟共同承担，孵化期11～12d。

国内分布：广布于东部地区，在北方和青藏高原为旅鸟，在南方为冬候鸟。

黄喉鹀 *Emberiza elegans*

雀形目（PASSERIFORMES）>鹀科（Emberizidae）>鹀属（*Emberiza*）

本地分布： 力所乡 勐卡镇 勐梭镇 翁嘎科镇 新厂镇 岳宋乡 中课镇

遇见月份： 1 2 3 4 5 6 7 8 9 10 11 12

　　形态特征： 体长13.4～15.6cm，体重11～24g。雄鸟前额至头顶黑色，形成短的羽冠；眉纹和喉斑呈亮黄色；头侧和颊及胸斑呈黑色；背部棕黄色满布黑色纵纹；下体余部白色，两胁淡棕色具黑色纵纹。雌鸟头顶和背暗棕黄色；眉纹暗黄色；颏、喉至胸淡棕黄色；胸和两胁具栗褐色纵纹；腹至尾下覆羽白色。

　　生活习性： 栖息于低山丘陵地带的次生林、阔叶林、针阔混交林的林缘灌丛中，尤喜河谷与溪流沿岸疏林灌丛，也栖息于生长有稀疏乔木或灌木的山边草坡以及农田、道旁和居民点附近的小块次生林内。常结成小群活动于山麓、山涧溪流平缓处的阔叶林间以及山间的草甸和灌丛。

　　食性： 以植物种子为主要食物，在繁殖季节以森林昆虫为主要食物。

　　繁殖： 繁殖期5—7月。在林缘、河谷和路旁次生林与灌丛中的地上草丛中或树根旁筑巢，也在离地不高的幼树或灌木上筑巢，巢距地高0.8m以下。每巢仅繁殖1窝，不用旧巢。每窝产卵4～6枚。孵化期11～12d。雏鸟晚成性。

　　国内分布： 分布于东北至西南及其以东地区。

主要参考文献

丁平, 张正旺, 梁伟, 等, 2019. 中国森林鸟类[M]. 长沙: 湖北科学技术出版社.

蒋志刚, 吴毅, 刘少英, 等, 2021. 中国生物多样性红色名录[M]. 北京: 科学出版社.

刘阳, 陈水华, 2021. 中国鸟类观察手册[M]. 长沙: 湖南科学技术出版社.

杨岚, 1994. 云南鸟类志: 上卷 [M]. 昆明: 云南科技出版社.

杨岚, 杨晓君, 2004. 云南鸟类志: 下卷 [M]. 云南科技出版社.

约翰·马敬能, 2022. 中国鸟类野外手册[M]. 北京: 商务印书馆.

张荣祖, 1999. 中国动物地理[M]. 北京: 科学出版社.

郑光美, 2023. 中国鸟类分类与分布名录 [M]. 4 版. 北京: 科学出版社.

中文名索引

A

暗灰鹃鵙 ···········095
暗绿绣眼鸟 ···········188
暗冕山鹪莺 ···········129

B

八声杜鹃 ···········037
白顶溪鸲 ···········225
白额燕尾 ···········229
白腹凤鹛 ···········090
白腹幽鹛 ···········201
白喉短翅鸫 ···········219
白喉冠鹎 ···········149
白喉红臀鹎 ···········146
白喉扇尾鹟 ···········105
白鹡鸰 ···········271
白颊噪鹛 ···········204
白眶斑翅鹛 ···········207
白鹭 ···········053
白眉鸫 ···········216
白眉棕啄木鸟 ···········077
白尾蓝地鸲 ···········226
白鹇 ···········019
白胸翡翠 ···········071
白胸苦恶鸟 ···········042
白腰草鹬 ···········046
白腰鹊鸲 ···········221
白腰文鸟 ···········265
斑姬啄木鸟 ···········076
斑林鸽 ···········022
斑头鸺鹠 ···········065
斑尾鹃鸠 ···········025
斑文鸟 ···········266
斑胸钩嘴鹛 ···········190
斑腰燕 ···········139
北红尾鸲 ···········223
北灰鹟 ···········235
比氏鹟莺 ···········171

C

长尾缝叶莺 ···········133
长尾阔嘴鸟 ···········084
长尾奇鹛 ···········210
长尾山椒鸟 ···········098
长嘴捕蛛鸟 ···········263
橙斑翅柳莺 ···········158
橙胸姬鹟 ···········238
池鹭 ···········050
赤红山椒鸟 ···········100
纯色山鹪莺 ···········132

纯色啄花鸟 ···········255
翠金鹃 ···········034

D

大白鹭 ···········052
大斑啄木鸟 ···········079
大杜鹃 ···········041
大黄冠啄木鸟 ···········080
大拟啄木鸟 ···········073
大山雀 ···········125
大仙鹟 ···········248
大鹰鹃 ···········039
大嘴乌鸦 ···········122
戴菊 ···········249
戴胜 ···········067
淡绿鹀鹛 ···········092
淡眉柳莺 ···········163
点胸鸦雀 ···········182
短嘴山椒鸟 ···········099

F

发冠卷尾 ···········109
方尾鹟 ···········124
凤头蜂鹰 ···········055
凤头雀嘴鹎 ···········140
凤头鹰 ···········058

G

钩嘴林鹀 ···········103
古铜色卷尾 ···········108
冠斑犀鸟 ···········066

H

褐背鹟鵙 ···········102
褐翅鸦鹃 ···········031
褐脸雀鹛 ···········199
褐柳莺 ···········154
褐头雀鹛 ···········181
褐胁雀鹛 ···········198
褐胸鹟 ···········236
黑翅雀鹎 ···········104
黑翅鸢 ···········054
黑翅长脚鹬 ···········044
黑短脚鹎 ···········153
黑冠黄鹎 ···········142
黑喉缝叶莺 ···········134
黑喉红臀鹎 ···········145
黑喉山鹪莺 ···········128
黑喉石䳭 ···········230
黑卷尾 ···········106

黑水鸡 ···········043
黑头黄鹂 ···········088
黑头金翅雀 ···········275
黑头奇鹛 ···········209
黑胸鸫 ···········215
黑胸太阳鸟 ···········260
黑鸢 ···········060
黑枕黄鹂 ···········087
黑枕王鹟 ···········111
红翅鹀 ···········091
红顶鹛 ···········196
红耳鹎 ···········143
红喉姬鹟 ···········239
红脚隼 ···········083
红头穗鹛 ···········193
红头噪鹛 ···········205
红头长尾山雀 ···········179
红尾伯劳 ···········113
红尾水鸲 ···········224
红胁蓝尾鸲 ···········217
红胁绣眼鸟 ···········187
红胸啄花鸟 ···········256
红原鸡 ···········018
红嘴钩嘴鹛 ···········192
红嘴蓝鹊 ···········118
厚嘴绿鸠 ···········027
厚嘴啄花鸟 ···········252
虎斑地鸫 ···········214
华西柳莺 ···········155
环颈雉 ···········020
黄腹冠鹎 ···········148
黄腹山鹪莺 ···········131
黄腹扇尾鹟 ···········123
黄腹树莺 ···········176
黄腹鹟莺 ···········173
黄腹啄花鸟 ···········254
黄喉鸫 ···········277
黄鹡鸰 ···········269
黄颊山雀 ···········127
黄颈凤鹛 ···········185
黄绿鹎 ···········147
黄眉柳莺 ···········162
黄臀鹎 ···········144
黄臀啄花鸟 ···········253
黄胸柳莺 ···········169
黄腰柳莺 ···········160
黄腰太阳鸟 ···········261
黄嘴角鸮 ···········063
黄嘴栗啄木鸟 ···········082
灰背伯劳 ···········116

灰短脚鹎 …… 152
灰腹绣眼鸟 …… 189
灰冠鹟莺 …… 170
灰喉柳莺 …… 159
灰喉山椒鸟 …… 097
灰鹡鸰 …… 270
灰卷尾 …… 107
灰脸鵟鹰 …… 061
灰脸鹟莺 …… 172
灰林鸮 …… 231
灰山椒鸟 …… 096
灰树鹊 …… 119
灰头绿啄木鸟 …… 081
灰头麦鸡 …… 045
灰胸山鹪莺 …… 130
灰眼短脚鹎 …… 150
灰燕鸥 …… 101
火尾太阳鸟 …… 262

J

矶鹬 …… 047
极北柳莺 …… 164
家燕 …… 135
金冠地莺 …… 177
金喉拟啄木鸟 …… 074
金头穗鹛 …… 194
金腰燕 …… 138

L

蓝翅希鹛 …… 206
蓝翅叶鹎 …… 250
蓝额红尾鸲 …… 222
蓝喉拟啄木鸟 …… 075
蓝喉太阳鸟 …… 258
蓝喉仙鹟 …… 245
蓝矶鸫 …… 232
蓝眉林鸲 …… 218
栗斑杜鹃 …… 036
栗背伯劳 …… 114
栗额鳾鹛 …… 094
栗耳凤鹛 …… 183
栗腹矶鸫 …… 233
栗腹鸻 …… 212
栗喉鳾鹛 …… 093
栗颈凤鹛 …… 184
栗头蜂虎 …… 069
栗头雀鹛 …… 197
栗头树莺 …… 178
栗头织叶莺 …… 174
栗臀鸻 …… 211

领鸺鹠 …… 064
绿背山雀 …… 126
绿翅短脚鹎 …… 151
绿翅金鸠 …… 026
绿喉蜂虎 …… 068
绿喉太阳鸟 …… 259
绿鹭 …… 049
绿嘴地鹃 …… 032

M

麻雀 …… 268
矛纹草鹛 …… 203

N

牛背鹭 …… 051

P

普通翠鸟 …… 072
普通鵟 …… 062
普通朱雀 …… 273

Q

强脚树莺 …… 175
鹊鸲 …… 220

R

绒额鳾 …… 213

S

三宝鸟 …… 070
山斑鸠 …… 023
山蓝仙鹟 …… 244
山麻雀 …… 267
蛇雕 …… 056
寿带 …… 112
树鹨 …… 272
双斑绿柳莺 …… 165
四川柳莺 …… 161
四声杜鹃 …… 040
松雀鹰 …… 059
松鸦 …… 117

T

铜蓝鹟 …… 243

W

纹背捕蛛鸟 …… 264
纹胸鹛 …… 195
乌鹃 …… 038
乌鹟 …… 234

乌嘴柳莺 …… 166

X

西南橙腹叶鹎 …… 251
西南冠纹柳莺 …… 167
喜鹊 …… 120
细嘴黄鹂 …… 086
小鹛鹛 …… 021
小白腰雨燕 …… 030
小斑姬鹟 …… 241
小盘尾 …… 110
小鸦 …… 276
小燕尾 …… 228
小嘴乌鸦 …… 121
楔尾绿鸠 …… 028
星头啄木鸟 …… 078
血雀 …… 274

Y

烟腹毛脚燕 …… 137
岩燕 …… 136
夜鹭 …… 048
银耳相思鸟 …… 208
银胸丝冠鸟 …… 085
鹰雕 …… 057
玉头姬鹟 …… 242
云南白斑尾柳莺 …… 168
云南雀鹛 …… 200

Z

噪鹃 …… 033
朱鹂 …… 089
珠颈斑鸠 …… 024
紫颊太阳鸟 …… 257
紫金鹃 …… 035
紫啸鸫 …… 227
棕背伯劳 …… 115
棕腹大仙鹟 …… 246
棕腹柳莺 …… 156
棕腹仙鹟 …… 247
棕颈钩嘴鹛 …… 191
棕眉柳莺 …… 157
棕头雀鹛 …… 180
棕头幽鹛 …… 202
棕臀凤鹛 …… 186
棕尾褐鹟 …… 237
棕胸蓝姬鹟 …… 240
棕雨燕 …… 029
纵纹绿鹎 …… 141

学名索引

A

Abroscopus superciliaris ·············· 173
Accipiter trivirgatus ·············· 058
Accipiter virgatus ·············· 059
Actinodura cyanouroptera ·············· 206
Actinodura ramsayi ·············· 207
Actitis hypoleucos ·············· 047
Aegithalos concinnus ·············· 179
Aegithina tiphia ·············· 104
Aethopyga gouldiae ·············· 258
Aethopyga ignicauda ·············· 262
Aethopyga nipalensis ·············· 259
Aethopyga saturata ·············· 260
Aethopyga siparaja ·············· 261
Alcedo atthis ·············· 072
Alcippe fratercula ·············· 200
Alcippe poioicephala ·············· 199
Alophoixus flaveolus ·············· 148
Alophoixus pallidus ·············· 149
Amaurornis phoenicurus ·············· 042
Anthracoceros albirostris ·············· 066
Anthus hodgsoni ·············· 272
Apus nipalensis ·············· 030
Arachnothera longirostra ·············· 263
Arachnothera magna ·············· 264
Ardea alba ·············· 052
Ardeola bacchus ·············· 050
Artamus fuscus ·············· 101

B

Blythipicus pyrrhotis ·············· 082
Brachypteryx leucophris ·············· 219
Bubulcus coromandus ·············· 051
Butastur indicus ·············· 061
Buteo japonicus ·············· 062
Butorides striata ·············· 049

C

Cacomantis merulinus ·············· 037
Cacomantis sonneratii ·············· 036
Carpodacus erythrinus ·············· 273
Carpodacus sipahi ·············· 274
Cecropis daurica ·············· 138
Cecropis striolata ·············· 139
Centropus sinensis ·············· 031
Cettia castaneocoronata ·············· 178
Chaimarrornis leucocephalus ·············· 225
Chalcoparia singalensis ·············· 257
Chalcophaps indica ·············· 026
Chelidorhynx hypoxanthus ·············· 123

Chloris ambigua ·············· 275
Chloropsis cochinchinensis ·············· 250
Chloropsis hardwickii ·············· 251
Chrysococcyx maculatus ·············· 034
Chrysococcyx xanthorhynchus ·············· 035
Chrysophlegma flavinucha ·············· 080
Columba hodgsonii ·············· 022
Copsychus saularis ·············· 220
Corvus corone ·············· 121
Corvus macrorhynchos ·············· 122
Cuculus canorus ·············· 041
Cuculus micropterus ·············· 040
Culicicapa ceylonensis ·············· 124
Cyanoderma chrysaeum ·············· 194
Cyanoderma ruficeps ·············· 193
Cyornis rubeculoides ·············· 245
Cyornis whitei ·············· 244
Cypsiurus balasiensis ·············· 029

D

Delichon dasypus ·············· 137
Dendrocitta formosae ·············· 119
Dendrocopos canicapillus ·············· 078
Dendrocopos major ·············· 079
Dicaeum agile ·············· 252
Dicaeum chrysorrheum ·············· 253
Dicaeum ignipectus ·············· 256
Dicaeum melanozanthum ·············· 254
Dicaeum minullum ·············· 255
Dicrurus aeneus ·············· 108
Dicrurus hottentottus ·············· 109
Dicrurus leucophaeus ·············· 107
Dicrurus macrocercus ·············· 106
Dicrurus remifer ·············· 110

E

Egretta garzetta ·············· 053
Elanus caeruleus ·············· 054
Emberiza elegans ·············· 277
Emberiza pusilla ·············· 276
Enicurus leschenaulti ·············· 229
Enicurus scouleri ·············· 228
Erpornis zantholeuca ·············· 090
Erythrogenys gravivox ·············· 190
Eudynamys scolopaceus ·············· 033
Eumyias thalassinus ·············· 243
Eurystomus orientalis ·············· 070

F

Falco amurensis ·············· 083

Ficedula albicilla ·············· 239
Ficedula hyperythra ·············· 240
Ficedula sapphira ·············· 242
Ficedula strophiata ·············· 238
Ficedula westermanni ·············· 241
Fulvetta manipurensis ·············· 181
Fulvetta ruficapilla ·············· 180

G

Gallinula chloropus ·············· 043
Gallus gallus ·············· 018
Garrulus glandarius ·············· 117
Glaucidium brodiei ·············· 064
Glaucidium cuculoides ·············· 065

H

Halcyon smyrnensis ·············· 071
Hemipus picatus ·············· 102
Hemixos flavala ·············· 152
Heterophasia desgodinsi ·············· 209
Heterophasia picaoides ·············· 210
Hierococcyx sparverioides ·············· 039
Himantopus himantopus ·············· 044
Hirundo rustica ·············· 135
Horornis acanthizoides ·············· 176
Horornis fortipes ·············· 175
Hypothymis azurea ·············· 111
Hypsipetes leucocephalus ·············· 153

I

Iole propinqua ·············· 150
Ixos mcclellandii ·············· 151

K

Kittacincla malabarica ·············· 221

L

Lalage melaschistos ·············· 095
Lanius collurioides ·············· 114
Lanius cristatus ·············· 113
Lanius schach ·············· 115
Lanius tephronotus ·············· 116
Leiothrix argentauris ·············· 208
Lonchura punctulata ·············· 266
Lonchura striata ·············· 265
Lophura nycthemera ·············· 019

M

Machlolophus spilonotus ·············· 127
Macropygia unchall ·············· 025

Merops leschenaulti ················· 069
Merops orientalis ··················· 068
Milvus migrans ···················· 060
Mixornis gularis ··················· 195
Monticola rufiventris ··············· 233
Monticola solitarius ················ 232
Motacilla alba ····················· 271
Motacilla cinerea ·················· 270
Motacilla tschutschensis ············ 269
Muscicapa dauurica ················ 235
Muscicapa ferruginea ·············· 237
Muscicapa muttui ·················· 236
Muscicapa sibirica ················· 234
Myiomela leucura ·················· 226
Myophonus caeruleus ··············· 227

N

Niltava davidi ····················· 246
Niltava grandis ···················· 248
Niltava sundara ···················· 247
Nisaetus nipalensis ················· 057
Nycticorax nycticorax ·············· 048

O

Oriolus chinensis ·················· 087
Oriolus tenuirostris ················ 086
Oriolus traillii ···················· 089
Oriolus xanthornus ················· 088
Orthotomus atrogularis ············· 134
Orthotomus sutorius ················ 133
Otus spilocephalus ················· 063

P

Paradoxornis guttaticollis ··········· 182
Parus minor ······················· 125
Parus monticolus ·················· 126
Passer cinnamomeus ··············· 267
Passer montanus ··················· 268
Pellorneum albiventre ·············· 201
Pellorneum ruficeps ················ 202
Pericrocotus brevirostris ············ 099
Pericrocotus divaricatus ············ 096
Pericrocotus ethologus ············· 098
Pericrocotus flammeus ·············· 100
Pericrocotus solaris ················ 097
Pernis ptilorhynchus ··············· 055
Phaenicophaeus tristis ·············· 032
Phasianus colchicus ················ 020
Phoenicurus auroreus ··············· 223
Phoenicurus frontalis ··············· 222
Phyllergates cucullatus ············· 174

Phylloscopus armandii ·············· 157
Phylloscopus borealis ··············· 164
Phylloscopus cantator ··············· 169
Phylloscopus davisoni ··············· 168
Phylloscopus forresti ··············· 161
Phylloscopus fuscatus ··············· 154
Phylloscopus humei ················· 163
Phylloscopus inornatus ·············· 162
Phylloscopus maculipennis ··········· 159
Phylloscopus magnirostris ··········· 166
Phylloscopus occisinensis ············ 155
Phylloscopus plumbeitarsus ·········· 165
Phylloscopus poliogenys ············· 172
Phylloscopus proregulus ············· 160
Phylloscopus pulcher ··············· 158
Phylloscopus reguloides ············· 167
Phylloscopus subaffinis ············· 156
Phylloscopus tephrocephalus ········· 170
Phylloscopus valentini ·············· 171
Pica serica ······················· 120
Picumnus innominatus ·············· 076
Picus canus ······················· 081
Pomatorhinus ferruginosus ··········· 192
Pomatorhinus ruficollis ············· 191
Prinia atrogularis ················· 128
Prinia flaviventris ················· 131
Prinia hodgsonii ··················· 130
Prinia inornata ···················· 132
Prinia rufescens ··················· 129
Psarisomus dalhousiae ·············· 084
Psilopogon asiaticus ··············· 075
Psilopogon franklinii ··············· 074
Psilopogon virens ·················· 073
Pterorhinus lanceolatus ············· 203
Pterorhinus sannio ················· 204
Pteruthius aeralatus ················ 091
Pteruthius intermedius ·············· 094
Pteruthius melanotis ··············· 093
Pteruthius xanthochlorus ············ 092
Ptyonoprogne rupestris ············· 136
Pycnonotus aurigaster ·············· 146
Pycnonotus cafer ··················· 145
Pycnonotus flavescens ·············· 147
Pycnonotus jocosus ················· 143
Pycnonotus melanicterus ············ 142
Pycnonotus striatus ················ 141
Pycnonotus xanthorrhous ············ 144

R

Regulus regulus ··················· 249
Rhipidura albicollis ················ 105

Rhyacornis fuliginosa ·············· 224

S

Sasia ochracea ···················· 077
Saxicola ferreus ··················· 231
Saxicola maurus ··················· 230
Schoeniparus castaneceps ··········· 197
Schoeniparus dubius ················ 198
Serilophus lunatus ················· 085
Sitta castanea ····················· 212
Sitta frontalis ···················· 213
Sitta nagaensis ···················· 211
Spilornis cheela ··················· 056
Spizixos canifrons ················· 140
Staphida castaniceps ··············· 183
Staphida torqueola ················· 184
Streptopelia chinensis ·············· 024
Streptopelia orientalis ············· 023
Surniculus lugubris ················ 038

T

Tachybaptus ruficollis ·············· 021
Tarsiger cyanurus ·················· 217
Tarsiger rufilatus ·················· 218
Tephrodornis virgatus ·············· 103
Terpsiphone incei ·················· 112
Tesia olivea ······················· 177
Timalia pileata ···················· 196
Treron curvirostra ················· 027
Treron sphenurus ·················· 028
Tringa ochropus ··················· 046
Trochalopteron erythrocephalum ······ 205
Turdus dissimilis ·················· 215
Turdus obscurus ··················· 216

U

Upupa epops ······················ 067
Urocissa erythroryncha ············· 118

V

Vanellus cinereus ·················· 045

Y

Yuhina flavicollis ·················· 185
Yuhina occipitalis ················· 186

Z

Zoothera aurea ···················· 214
Zosterops erythropleurus ············ 187
Zosterops japonicus ················ 188
Zosterops palpebrosa ··············· 189